回家吃饭"码"上有菜

6分钟做好
清爽凉拌菜

甘智荣　主编

重庆出版集团　重庆出版社

图书在版编目（CIP）数据

6分钟做好清爽凉拌菜/甘智荣主编. --重庆：重庆出版社，2016. 6
ISBN 978-7-229-11043-7

Ⅰ. ①6… Ⅱ. ①甘… Ⅲ. ①凉菜—菜谱 Ⅳ. ①TS972.121

中国版本图书馆CIP数据核字(2016)第048379号

6分钟做好清爽凉拌菜
LIUFENZHONG ZUOHAO QINGSHUANG LIANGBANCAI
甘智荣 主编

责任编辑：刘 喆
责任校对：李小君
装帧设计：金版文化・伍 丽
摄影摄像：深圳市金版文化发展股份有限公司
策划编辑：深圳市金版文化发展股份有限公司

重庆出版集团
重庆出版社 出版
重庆市南岸区南滨路162号1幢 邮政编码：400061 http://www.cqph.com
深圳市雅佳图印刷有限公司印刷
重庆出版集团图书发行有限公司发行
邮购电话：023-61520646
全国新华书店经销

开本：720mm×1016mm 1/16 印张：15 字数：200千
2016年6月第1版 2016年6月第1次印刷
ISBN 978-7-229-11043-7
定价：29.80元

如有印装质量问题，请向本集团图书发行有限公司调换：023-61520678

丛书序

PREFACE

对于一个爱生活的人而言，食物早已不再是简单的果腹之物，它已日渐成为品味生活的载体。我们这里说的品味，并不是饭来张口那么简单，麻辣鲜香、清新绵密的滋味享受仅仅是这种品味中的一个元素罢了，重要的还是我们亲身体验制作美食的乐趣，那情景，想起来，不论何时回味，都不会褪色。

当然，一盘好菜肴，带给我们的除了美味，也应该有暖心与健康。但是，工作时觥筹交错间的大鱼大肉，对于我们来说，已经不再是营养的供给站，而渐渐成为身体的负担。所以，我始终认为，菜这个东西，只有在家做、在家吃，才能让人安心，才能吃出健康来。

也许家里的厨房很窄小，一眼就可以看到尽头，但是就在这小小的天地里，在锅碗瓢盆的叮当声中，烹饪出了可以牵动所有人心弦的美味，那就是家的味道。这份家常美味烹制起来也十分简单，一份凉拌菜只需要6分钟；一碟小炒，8分钟即可搞定；一盘营养蒸菜，10分钟就可以上桌；一盘浓香烩菜只需15分钟就能做好。美味的得来就看做菜的人有没有那份将平淡生活调理得多姿多彩的决心了。

本套书即着眼于这样轻便省时的菜肴，分为《6分钟做好清爽凉拌菜》《8分钟做好快捷小炒菜》《10分钟做好营养蒸菜》《15分钟做好美味烩菜》，谈论的不仅仅是美味的凉拌菜、小炒菜、蒸菜、烩菜，更有厨房里美丽的烟火气息，餐桌上一次又一次的欢乐相聚，力求让每个人有所得、有所享！

只要花一点点心思，花一点点时间，就可将健康美味迅速搬上自家餐桌。当我们围坐餐桌前时，暖暖的光线洒下来，时光也会慢下来，生活也将越品越有滋味，何乐而不为呢！

FOREWORD 前 言

有时候，吃惯了蒸焖炖煮，我们在不经意间就会忆起凉拌菜的那抹清凉滋味。印象中的凉拌菜总是像夏日海滩边的清新少女，给人以清凉、惊艳之感，虽然没有火热的浓香，可是那不油不腻的口感，真是清新诱人。

然而，同是一盘凉拌菜，不同的人可以做出无数个口味来，无论是用了昂贵的山珍海味，还是只用了时下的瓜果蔬菜，无须花费多大功夫，只要简单的切切拌拌，就能以斑斓的色彩将清凉美味渲染得淋漓尽致，仿佛只看一眼就能摆脱浮躁的心情，获得愉悦。

其实，小小一盘凉拌菜，还是一种创意，只把简单的食材般配成对，即成就了蕴含着强大治愈力量的一方美食。春干秋燥来盘凉拌菜补水润燥，严寒酷暑来盘凉拌菜能清火祛暑，虚者补之，实者泄之，身体这么容易就能变得健健康康了。

可能你会想，这样的凉拌菜最简单不过，无非是切、拌的产物，谁都可以信手拈来。其实，任何简单的东西里面必定有其复杂的一面，凉拌菜也如此。一盘活色生香的凉拌菜，除了食材的选择外，在搭配和技巧的掌控上，也是非常关键的。

《6分钟做好清爽凉拌菜》就将告诉你做好凉拌菜的秘诀，让你在制作蔬菜、菌豆、畜肉、禽蛋、水产类的凉拌美味上都游刃有余。相信吗，只要花一点点时间，你就能做出既清爽清淡，又快捷开胃的凉拌美味，这绝对是一件会让您超级有面子的事情!

想清新一下的时候，来一盘凉拌菜，想“家”的时候，也可来一碟凉拌菜。快快翻开本书，去找寻那属于自己的美食一刻吧。

Part 1
了解凉拌菜

目录

Part 2
开胃凉拌蔬菜

CONTENTS

Part 3 可口凉拌菌豆

CONTENTS

CONTENTS

Part 4
营养凉拌畜肉

Part 5
养生凉拌禽蛋

CONTENTS

Part 6
鲜美凉拌水产

Part 1 了解凉拌菜

凉拌菜是一个很宽泛的概念，是将不同食材经过一定的加工及处理，并配以各种调料拌匀后凉着食用的菜肴总称。本书着重向读者们介绍的是，如何制作快捷、时尚又健康的凉拌菜。蔬菜、菌豆、畜肉、禽蛋、水产等食材通过书中的烹饪技法，便能成为饭桌上那一道道诱人可口的佳肴。想要学习吗，那么首先就来了解一些凉拌菜制作常识吧！

健康凉拌菜，从基础开始

低油少盐、清凉爽口的凉拌菜，绝对是消暑开胃的最佳选择，但如何才能做出爽口的凉拌菜呢？你掌握了这其中的诀窍吗？下面为大家提供的这些诀窍会让你用最短的时间、最快的方式拌出一手美味佳肴。

/选购新鲜材料/

凉拌菜多数生食或略烫后食用，因此首选新鲜材料，尤其要挑选当季盛产的材料，不仅材料便宜，滋味也较好。

/事先充分洗净/

在制作凉拌菜前要剪去指甲，并用肥皂搓洗手2～3次。制作前必须充分洗净蔬菜，最好放入淘米水中浸泡20～30分钟，这样可消除残留在蔬菜表面的农药。食用瓜果类洗净后可放到1‰～3‰的高锰酸钾水溶液中浸泡30分钟；叶菜类要用开水烫后再食用。菜叶根部或菜叶中可能有沙石、虫卵，都要仔细冲洗干净。

/完全沥干水分/

材料洗净或焯烫过后，务必完全沥干，否则拌入的调味酱汁味道会被稀释，导致风味不足。

/食材切法一致/

所有材料最好都切成一口可以吃进的大小，而有些新鲜蔬菜用手撕成小片，口感会比用刀切还好。

/火候要到位/

凉拌菜有生拌、辣拌和熟拌之分。对原料进行加工时要注意火候，如蔬菜焯到半成熟时即可；卤酱和煮白肉时，要用微火，慢慢煮烂，做到鲜香嫩烂才能入味。一般生鲜蔬菜适合生拌，肉类适宜熟拌，辣拌则根据不同口味需要具体处理。

/先用盐腌一下/

例如小黄瓜、胡萝卜等要先用盐腌一下，挤出适量水分，或用清水冲去盐分，沥干后再加入其他材料一起拌匀。这样不仅口感较好，调味也会较均匀。

/酱汁要先调和/

各种不同的调味料，要先用小碗调匀，最好能放入冰箱冷藏，待要上桌时再和菜肴一起拌匀。

/部分调味品要加热/

凉拌菜用的调味品，比如蚝油、酱油、色拉油、花生油等调料，最好加热后再使用。

/冷藏盛菜器皿/

盛装凉拌菜的盘子最好预先冰过，冰凉的盘子装上冰凉的菜肴，绝对可以增加凉拌菜的美味。

/适时淋上酱汁/

不要过早加入调味酱汁，因为多数蔬菜沾上盐都会释放水分，冲淡味道，因此最好准备上桌时再淋上酱汁调拌。

/要用手勺翻拌/

凉拌菜要使用专用的手勺或手铲翻拌，禁止用手直接搅拌。

/厨具要严格消毒/

制作凉拌菜所用的厨具要严格消毒，菜刀、菜板、擦布要生熟分开，不得混用。夏季气温较高，微生物繁殖特别快，因此，制作凉拌菜所用的器具如菜刀、菜板和容器等均应消毒，使用前应用开水烫洗。不能用切生肉和切其他未经烫洗过食材的刀来切凉拌菜。否则，前面的清洗、消毒工作等于白做。

快捷方便的基础调味油制法

葱油、辣椒油（红油）、花椒油，这几样调味油是做好凉菜的终极法宝，想知道在家怎么用它们做出最正宗的凉拌菜吗？下面就为你揭秘。

葱油：家里做菜，总有剩下的葱根、葱的老皮和葱叶，这些原来你丢进垃圾桶的东西，竟是大厨们的宝贝。首先，将它们洗净，再晾干，与食用油一起入锅，稍泡一会儿，再开最小火，将它们慢慢熬煮，不待油开就关掉火，晾凉后捞去葱，余下的就是香喷喷的葱油了！

葱油不只在做凉拌菜时可以用，在制作面食时也可使用，如葱油饼、葱油捞面等，可以给原本无特殊味道的面食增加一种特别清香的味道。在做好的菜肴上桌时浇一些在菜上，也会有很好的调味效果。

辣椒油：辣椒油俗称红油，由于其特殊的味道，现在已经不仅限于辣味的川湘菜品中使用了，全国各地都有用红油代替普通食用油的新式做菜方法。

辣椒油和葱油的炼法一样，但是如果总是把干辣椒炼煳，那么可以采用一个更简单的办法：把干红椒切成更利辣味渗出的段状，装入小碗中备用。将油烧热后立刻倒进辣椒里逼出辣味。在制辣椒油的时候放一些蒜，会得到味道更有层次感的红油。

花椒油：花椒油有很多种做法，家庭制法中最简单的是把锅烧热后下入花椒，炒香后倒油，在油面出现青烟前就关火，用油的余温继续加热，这样炸出的花椒油不但香，而且花椒也不易煳。花椒有红、绿两种，用红色花椒炸出的味道偏香一些，而用绿色的会偏麻一些。

另外还有一种方法可以制作花椒油：把花椒炒熟碾成末，然后加油煮，这样分化出的花椒油是很上乘的花椒油。

以上几种调味油可以根据自己的口味来调节用量。当然，调味油不是每道菜都要加，如拌青菜时，只需加些葱油就足够；拌牛肉时可以加一些花椒油提升口感，拌苤蓝和豆芽时也可以加些；红油则是为喜欢吃辣菜的人准备的，不过有些特殊的拌菜放一些也可以调色、调味，如夫妻肺片、川味辣拌肚丝等。

私家调味汁的配制

凉拌菜在制作调味上是很讲究的，在制作凉拌菜时，若能掌握各种调味方法，不仅凉爽可口，营养丰富，还能增进食欲。常用的凉拌菜调味汁有以下几种。

盐味汁：以盐、味精、香油加入适量鲜汤调和而成，为白色咸鲜味的味汁。此调味汁适用于拌食鸡肉、虾肉、蔬菜、豆类等，如盐味鸡脯、盐味虾、盐味蚕豆、盐味莴笋等。

酱油汁：以酱油、味精、香油、鲜汤调和制成，为红黑色咸鲜味的味汁。此调味汁用于拌食或蘸食肉类主料，如酱油鸡、酱油肉等。

虾油汁：用料有虾子、盐、味精、香油、绍酒、鲜汤。做法是先用香油炸香虾子，再加调料烧沸，为白色咸鲜味的味汁。此调味汁拌食荤素菜皆可，如虾油冬笋、虾油鸡片等。

蟹油汁：用料为熟蟹黄、盐、味精、姜末、绍酒、鲜汤。做法是蟹黄用植物油炸香后，加调料烧沸，为橘红色咸鲜味的味汁。此调味汁多用以拌食荤料，如蟹油鱼片、蟹油鸡脯、蟹油鸭脯等。

蚝油汁：用料为蚝油、盐、鲜汤、香油。做法是把调料加鲜汤烧沸，为咖啡色咸鲜味的味汁。用以拌食荤料，如蚝油鸡、蚝油肉片等。

韭味汁：用料为腌韭菜花、味精、香油、盐、鲜汤。做法是用刀把腌韭菜花剁成蓉，然后加调料、鲜汤调和均匀，为绿色咸鲜味的味汁。此调味汁拌食荤素菜肴皆宜，如韭味里脊、韭味鸡丝、韭菜口条等。

椒麻汁：用料为生花椒、葱、盐、香油、味精、鲜汤，此调味汁忌用熟花椒。做法是将花椒、葱同制成细蓉，加调料调和均匀，为绿色咸香味的味汁。此调味汁主要用于拌食荤食，如椒麻鸡片、野鸡片、里脊片等。

葱油汁：用料为生油、葱末、盐、味精。做法是葱末入油后炸香，即成葱油，再同其他调料拌匀，为白色咸香味的味汁。此调味汁用以拌食蔬菜、肉类原料，如葱油鸡、葱油萝卜丝等。

糟油汁：用料为糟汁、盐、味精，调匀后为咖啡色咸香味的味汁。此调味汁多用以拌食禽肉、畜肉、水产原料，

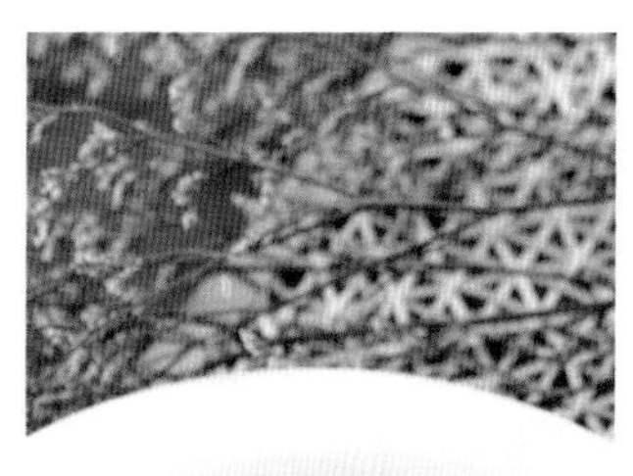

如糟油凤爪、糟油鱼片、糟油虾等。

芥末糊：用料为芥末粉、醋、味精、香油、糖。做法为芥末粉加醋、糖、水调和成糊状，静置半小时后再加其余调料，为淡黄色咸香味的糊。此调味汁拌食荤素食材均宜，如芥末肚丝、芥末鸡皮等。

咖喱汁：用料为咖喱粉、葱、姜、蒜、辣椒、盐、味精、油、鲜汤。做法是将咖喱粉加水调成糊状，用油炸成咖喱浆，加调料、鲜汤调成汁，为黄色咸香味的味汁。此调味汁拌食禽肉、畜肉、水产都宜，如咖喱鸡片、咖喱鱼条等。

姜味汁：用料为生姜、盐、味精、油。做法是生姜挤汁，与调料调和，为白色咸香味的味汁。此调味汁最宜拌食禽类，如姜汁鸡块、姜汁鸡脯等。

蒜泥汁：用料为生蒜瓣、盐、味精、麻油、鲜汤。做法是蒜瓣捣烂成泥，加调料、鲜汤调和，为白色的味汁。此调味汁拌食荤素皆宜，如蒜泥白肉、蒜泥豆角等。

五香汁：用料为五香料、盐、鲜汤、绍酒。做法是在鲜汤中加盐、五香料、绍酒，将原料放入汤中，煮熟后捞出冷食。此调味汁最适宜煮禽内脏类，如盐水鸭肝等。

茶熏料：用料为盐、味精、香油、茶叶、白糖、木屑等。做法是先将原料放在盐水汁中煮熟，然后在锅内铺上木屑、糖、茶叶，加篦，将煮熟的原料放篦上，盖上锅用小火熏，使烟凝结于原料表面。禽、蛋、鱼类皆可用此料熏制，如熏鸡脯、五香鱼等。另外，注意锅中不可着旺火。

酱醋汁：用料为酱油、醋、香油，调和后为浅红色的味汁，为咸酸味型。此调味汁用以拌菜或炝菜，荤素皆宜，如炝腰片、炝肞肝等。

酱汁：用料为面酱、盐、白糖、香油。做法是先将面酱炒香，加入糖、盐、清汤、香油后再将原料入锅焖透，为赭色咸甜型的味汁。此调味汁用来酱制菜肴，荤素均宜，如酱汁茄子、酱汁肉等。

糖醋汁：用料为糖、醋，调和成汁后，拌入主料中，主要用于拌制蔬菜，如糖醋萝卜、糖醋番茄等。也可先将主料炸或煮熟后，再加糖醋汁炸透，成为滚糖醋汁。还可将糖、醋调和入锅，加水烧开，凉后再加入主料浸泡数小时后食用，多用于泡制蔬菜的叶、根、茎、果，如泡青椒、泡黄瓜、泡萝卜、泡姜芽等。

山楂汁：用料为山

楂糕、白糖、白醋、桂花酱。做法是将山楂糕打烂成泥后，加入调料调和成汁即可。此调味汁多用于拌制各种蔬果类，如楂汁马蹄、楂味鲜菱、珊瑚藕等。

茄味汁：用料为番茄酱、白糖、醋。做法是将番茄酱用油炒透，加糖、醋、水调和。此调味汁多用于拌熘荤菜，如茄汁鱼条、茄汁大虾、茄汁里脊、茄汁鸡片。

红油汁：用红辣椒油、盐、味精、鲜汤调和成汁，为红色咸辣味的味汁。此调味汁可用以拌食荤素原料，如红油鸡条、红油鸡、红油笋条、红油里脊等。

青椒汁：用料为青辣椒、盐、味精、香油、鲜汤。做法是将青椒切剁成蓉，加调料调和成汁，为绿色咸辣味的味汁。此调味汁多用于拌食荤食原料，如椒味里脊、椒味鸡脯、椒味鱼条等。

胡椒汁：用白胡椒、盐、味精、香油、蒜泥、鲜汤调和成汁。此调味汁多用于炝、拌肉类和水产原料，如拌鱼丝、胡辣鱿鱼等。

鲜辣汁：用料为糖、醋、辣椒、姜、葱、盐、味精、香油。做法是将辣椒、姜、葱切丝炒透，加调料、鲜汤成汁，为咖啡色酸辣味的味汁。此调味汁多用于炝腌蔬菜，如酸辣白菜、酸辣黄瓜等。

醋姜汁：用料主要为黄香醋、生姜。做法是将生姜切成末或丝，加醋调和，为咖啡色酸香味的味汁。此调味汁适宜于拌食鱼虾，如姜末虾、姜末蟹、姜汁肴肉等。

三味汁：用蒜泥汁、姜味汁、青椒汁调和而成，为绿色的味汁。此调味汁拌食荤素皆宜，如炝菜心、拌肚仁、三味鸡等，具有独特风味。

麻辣汁：用料为酱油、醋、糖、盐、味精、辣油、麻油、花椒面、芝麻粉、葱、蒜、姜。做法是将以上原料调和即可。此调味汁用以拌食主料，荤素皆宜，如麻辣鸡条、麻辣黄瓜等。

五香味：用料为丁香、芫荽、花椒、桂皮、陈皮、草果、良姜、山楂、生姜、葱、酱油、盐、绍酒、鲜汤等材料。做法是将以上调料加鲜汤煮沸，再将主料加入味汁中煮浸到烂即可。此调味汁用于煮制荤原料，如五香牛肉、五香扒鸡、五香口条等。

糖油汁：用料为白糖、麻油，调和即可，为黄色甜香味的味汁。此调味汁多用于拌制蔬菜，如糖油黄瓜、糖油莴笋等。

食材处理与凉拌方法的碰撞

许多人认为，凉拌菜就是将食材切好，用调料拌匀就行了。其实不然，看似极为简单的凉拌菜，却大有学问，其中，最主要的是食材与调料。食材除了要新鲜外，不同的食材，其处理方式、烹调方法也是不同的。

/素菜/

素菜主要是蔬菜、瓜果、菌豆等食材，是最受欢迎的凉拌菜食材，这是因为素菜凉拌菜的操作最为简单，而且味道清爽开胃。但是，不同的素菜在制作凉拌菜时，也有不同的处理方式。有的素菜可生食，而且生食的口感、营养更好，洗净后就可以直接凉拌；有的素菜既可以生食，也可以焯熟后再凉拌；有些素菜则不能生食，必须煮熟后再进行凉拌。

可生食的素菜：可以生食，是凉拌菜的一大特征，但不是所有的素菜都适合生食。适合生食的食材一般是蔬菜和水果，大都有着甘甜的滋味和脆嫩的口感，加热后食用反而会破坏其营养成分和口感，凉拌时只需洗净即可直接调味。

最为常见的可生食素菜要数生菜、黄瓜，其他可生食蔬菜有胡萝卜、白萝卜、番茄、柿子椒等，另外还有各种水果和花瓣。但是，需要注意的是，生食的食材最好选用无公害的绿色蔬菜或有机蔬菜，而且，必须要洗涤干净。

生熟皆宜的素菜：有些食材既可以生食也可以熟食，这类素菜气味独特，口感脆嫩，常含有大量纤维物质，洗净后直接调拌生食，则口味十分清鲜；若以热水焯烫后拌食，则口感会变得稍软，但还不致减损原味，如芹菜、甜椒、芦笋、秋葵、苦瓜、白萝卜、海带等。还有就是各类豆制品，也是可生食可熟食。这类食材可以根据个人口味喜好来选择处理方式。

需要焯水的素菜：除了以上两类素菜，还有很多必须焯水后才能食用的素菜。这类素菜通常是淀粉含量较高或具生涩气味的食材，但是只要用热水焯烫，就可有脆嫩口感及

清鲜滋味，再加入调味料拌匀，更是极易入味。

需要焯水后再吃的素菜分以下几类：

第一类是十字花科蔬菜，像是西蓝花、花菜等，这些富含营养的蔬菜焯过水后口感更好，其中丰富的纤维素也更容易消化。

第二类是含草酸较多的蔬菜，像是菠菜、竹笋、茭白等。草酸在肠道内会与钙结合成难吸收的草酸钙，干扰人体对钙的吸收。因此，此类蔬菜凉拌前一定要用开水焯一下，以除去其中大部分草酸。

第三类是芥菜类蔬菜，如大头菜等。它含有一种叫硫代葡萄糖苷的物质，经水解后才能产生挥发性芥子油，具有促进消化吸收的作用。

第四类是马齿苋等野菜，焯一下才能彻底去除尘土和小虫，又可防止过敏。

还有就是菌豆类素菜，也都是需要焯水后再凉拌的。

/荤菜/

素菜有生食、熟食之分，但是荤菜绝大部分都是需要烧熟后食用的。荤菜制成的凉拌菜有着不同的处理方式，各种处理方式的味道更截然不同。

炝：炝是用沸水焯烫或用食用油滑透食材，趁热加入各种调味品，调制成菜的一种凉拌菜制法。

拌荤菜的预处理过程中，就以焯水和油炸最为常见。一般畜肉和禽肉都会采取焯水的方法，以去除血水、污物、异

味，或者加一些调料一起氽水，以增加香味。油炸则会把肉皮中的脂肪逼出，造成肉皮收缩，从而影响成品菜的外观。水产的鱼类油炸的情况比较多，但是螺类、贝类则多是用水焯煮，或者先用盐水泡几小时吐出污物后，再用水焯煮，然后直接拌调味料，以保证其爽脆口感。

炝菜成品具有无汁、口味清淡、清爽脆嫩、鲜醇入味等特点。

卤：卤可以说是一种极为常用的烹调方式，在做法上和红烧很类似，是以酱油、香料及大量的水煮成卤汤，再将原料置于配好的卤汁中煮制，用以增加食物香味和色泽的一种烹饪方法，属于热制冷菜。它也是荤凉拌菜制作中，使用最广泛的一种烹调方法。因为卤水中有多重香料，制成品也会有相当浓郁的香气。但是卤制各种食材的时间，又有所差异，一般畜肉卤煮所需的时间最长，禽肉次之，然后是水产类。

卤菜最大的特点就是鲜香醇厚、香气扑鼻、百吃不腻。

水晶：水晶，又称为冻。水晶是将烹调熟后的原料，直接煮出胶质，或在原料中加入琼脂、明胶、肉皮等胶质物质同煮，放凉后使之凝结在一起的一种冷菜热制方法。

水晶类菜食用时，最大的特点就是汤汁冻入口即化。此菜夏季多用油分少的原料制成，如鸡、虾仁等；冬季则用油分多的原料制成，如猪蹄、猪皮等。

以上三种荤凉拌菜的制法各有不同，无论选择哪种凉拌方式，对原料进行加工的时候都要注意火候，就像卤制和煮白肉时，要用微火，慢慢煮烂，煮到鲜香嫩烂才能入味；炝菜则用大火快炒或焯煮，才能保持食材的脆嫩口感。

Part 2 开胃凉拌蔬菜

常见的蔬菜有白菜、包菜、辣椒、茄子、黄瓜等，它们大都含有丰富的维生素，又因其具有清新、爽口、养生的特点，已逐渐成为时尚美食的宠儿。蔬菜一般鲜嫩多汁，特别适用于制作各种凉拌佳肴。本章将针对生活中特别家常的蔬菜，做出细致的剖析，让您能轻松了解每一种凉拌蔬菜的烹饪细节，用最快的速度，烹饪出各种凉拌美味，抓紧时间，现在开始吧！

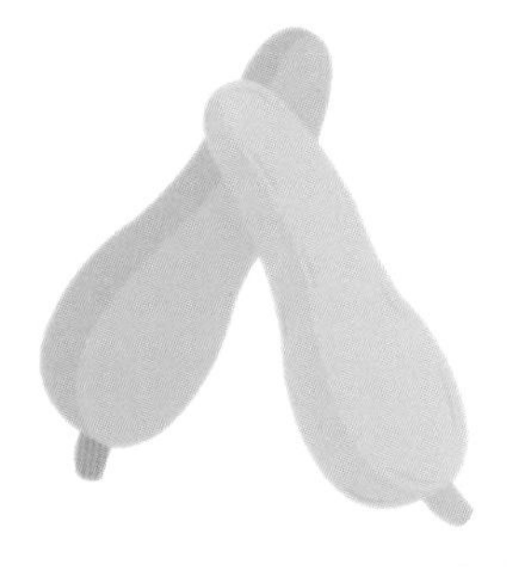

白菜梗拌胡萝卜丝

原料

白菜梗120克，胡萝卜200克，青椒35克，蒜末、葱花各少许

调料

盐3克，鸡粉2克，生抽3毫升，陈醋6毫升，芝麻油适量

做法

1. 将洗净的白菜梗切成粗丝；洗好去皮的胡萝卜切成细丝。
2. 洗净的青椒切开，去籽，改成丝；切好的食材装在盘中，待用。
3. 锅中注水烧开，加入少许盐，倒入胡萝卜丝，搅匀，煮约1分钟。
4. 放入切好的白菜梗、青椒，拌匀搅散，再煮约半分钟。
5. 至全部食材断生后捞出，沥干水分，待用。
6. 把焯煮好的食材装入碗中，加入盐、鸡粉，淋入少许生抽、陈醋，倒入芝麻油。
7. 撒上蒜末、葱花，搅拌一会儿，至食材入味。
8. 取一个干净的盘子，盛入拌好的食材即成。

糖醋辣白菜

原料

白菜150克，红椒30克，花椒、姜丝各少许

调料

盐3克，陈醋15毫升，白糖2克，食用油适量

做法

1. 洗好的白菜去根，将菜梗切成粗丝；洗净的红椒去籽，切成细丝。
2. 取一碗，放入菜梗、菜叶、盐搅拌均匀，腌渍至入味。
3. 起油锅，爆香花椒，捞出，倒入姜丝炒匀，放入红椒丝炒片刻，盛出。
4. 锅底留油烧热，加入适量陈醋、白糖快速炒匀，待白糖完全溶化，倒出汁水，装入碗中，待用。
5. 白菜注水洗去多余的盐分，装碗，倒入调好的汁水拌匀，撒上炒好的红椒丝和姜丝拌至入味即可。

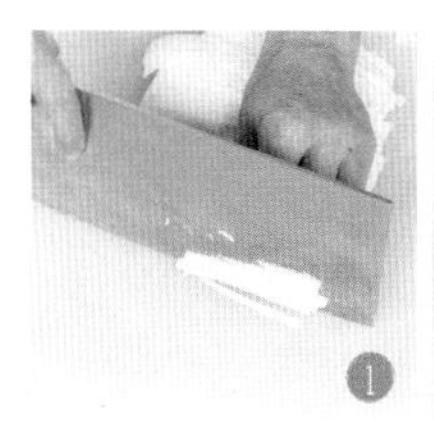

白菜玉米沙拉

原料

生菜、去皮胡萝卜各40克，白菜50克，玉米粒80克，柠檬汁10毫升

调料

盐2克，蜂蜜、橄榄油各适量

做法

1. 洗净的胡萝卜切片，切条，改切成丁。
2. 洗好的白菜切条形，改切成块。
3. 洗净的生菜切块。
4. 锅中注入适量清水烧开，倒入胡萝卜、玉米粒、白菜，焯煮约2分钟至断生。
5. 关火后将焯煮好的蔬菜捞出，放入凉开水中，冷却后再捞出，沥干水分，装入碗中待用。
6. 放入生菜，拌匀。
7. 加入盐、柠檬汁、蜂蜜、橄榄油，用筷子搅拌均匀。
8. 倒入备好的盘中即可。

小贴士

可以根据自己的喜好，加入沙拉酱或酸奶，这样口感更好。

紫菜凉拌白菜心

原料

大白菜200克，水发紫菜70克，熟芝麻10克，蒜末、姜末、葱花各少许

调料

盐、白糖各3克，陈醋5毫升，芝麻油2毫升，鸡粉、食用油各适量

做法

1. 洗净的大白菜切成丝。
2. 用油起锅，倒入蒜末、姜末，爆香，盛出，待用。
3. 锅中注入适量清水烧开，放入少许盐，倒入切好的大白菜，搅拌匀，略煮片刻。
4. 倒入洗好的紫菜，煮至沸，将焯好的食材捞出，沥干水分。
5. 把焯煮好的食材装入碗中，倒入炒好的蒜末、姜末。
6. 放入适量盐、鸡粉、陈醋、白糖、芝麻油，倒入葱花，拌匀。
7. 继续搅拌使食材入味。
8. 盛出拌好的食材，装入盘中，撒上熟芝麻即可。

芝麻洋葱拌菠菜

原料

菠菜200克，洋葱60克，白芝麻3克，蒜末少许

调料

盐2克，白糖3克，生抽、凉拌醋各4毫升，芝麻油3毫升，食用油适量

做法

1. 去皮洗好的洋葱切成丝；择洗干净的菠菜切去根部，再切成段。
2. 锅中注水，淋入少许食用油，放入菠菜，搅匀，焯煮半分钟。
3. 倒入洋葱丝，搅匀，再煮半分钟，捞出焯煮好的食材，沥干水。
4. 将煮好的菠菜、洋葱装入碗中，加入少许盐、白糖，淋入生抽、凉拌醋，倒入蒜末，搅拌至食材入味。
5. 淋入少许芝麻油，拌匀，撒上白芝麻拌匀，盛出装盘即可。

蛋黄酱拌菠菜

原料

菠菜80克，蛋黄酱、熟芝麻各少许

调料

生抽适量

做法

1. 锅中注入适量清水烧开，倒入洗净的菠菜，拌匀，煮至断生。
2. 捞出焯煮好的菠菜，沥干水分，装入盘中，放凉备用。
3. 将放凉的菠菜切成小段，放在盘中摆放好。
4. 倒入生抽，放上蛋黄酱，撒上熟芝麻即可。

菠菜拌胡萝卜

原料

胡萝卜85克，菠菜200克，蒜末、葱花各少许

调料

盐3克，鸡粉2克，生抽6毫升，芝麻油2毫升，食用油少许

做法

1. 胡萝卜洗净去皮，切丝；菠菜洗净去根，切段。
2. 锅中注水烧开，加食用油、盐、胡萝卜、菠菜煮一会儿，捞出装碗。
3. 加蒜末、葱花、盐、鸡粉、生抽、芝麻油，搅拌至食材入味，摆好即成。

凉拌紫甘蓝粉丝

原料

紫甘蓝170克，热水发的粉丝120克，黄瓜85克，胡萝卜70克

调料

盐、鸡粉各2克，白糖少许，生抽4毫升，陈醋8毫升，芝麻油适量

做法

1. 洗净的紫甘蓝切粗丝；洗好去皮的胡萝卜切细丝；洗净的黄瓜切细丝。
2. 碗中放入紫甘蓝、胡萝卜、粉丝、黄瓜拌匀，加入盐、鸡粉、白糖、陈醋。
3. 淋入生抽、芝麻油拌匀，至入味。
4. 将拌好的菜肴盛入盘中即成。

凉拌五色蔬

原料

紫甘蓝160克，白菜65克，西生菜100克，圣女果60克，薄荷叶少许，彩椒35克

调料

盐2克，鸡粉少许，白糖3克，白醋10毫升

做法

1. 洗净的紫甘蓝、西生菜、白菜切粗丝。
2. 洗好的彩椒切条形；洗净的圣女果对半切开。
3. 取一碗，倒入西生菜、白菜、紫甘蓝、彩椒、白糖、盐、鸡粉、白醋、薄荷叶、圣女果拌匀，静置一会儿。
4. 取一个盘子，盛入拌好的菜肴即成。

葱姜烩菜心

原料

菜心160克，姜末、葱丝、红椒丝、花椒各少许

调料

盐、鸡粉各2克，白糖3克，食用油适量

做法

1. 洗净的菜心切成段，备用。
2. 锅中注入适量清水烧开，倒入菜心，搅匀，略煮一会儿。
3. 淋入少许食用油焯煮至熟，捞出菜心，沥干水分，待用。
4. 用油起锅，倒入花椒，用中火炸香，关火后捞出花椒，将热油装入碗中，待用。
5. 取一个干净的碗，倒入菜心、姜末，拌匀。
6. 加入适量盐、鸡粉、白糖，搅匀调味。
7. 淋上热油，搅拌均匀至食材入味。
8. 将拌好的菜心装入盘中，点缀上葱丝、红椒丝即可。

捞汁手撕拌菜

原料

紫甘蓝200克，彩椒65克，大白菜85克，生菜90克

调料

盐、鸡粉各2克，蚝油15克，老抽2毫升，水淀粉5毫升，辣椒油、陈醋各10毫升，生抽8毫升，食用油适量

做法

1. 洗净的大白菜、紫甘蓝撕成小块。
2. 洗净的彩椒去籽，掰小块，装碗；洗好的生菜去根，撕小块，装碗。
3. 锅中倒水烧开，加入食用油、备好的食材搅匀，煮1分钟至食材熟软，捞出沥水，装入碗中，倒入冰水，浸泡2分钟，使食材降温。
4. 锅中倒油，加入清水、剩余调料搅匀，制成捞汁，盛出，备用。
5. 捞出冷却的食材，沥水装碗，浇上捞汁拌匀，盛入盘中即可。

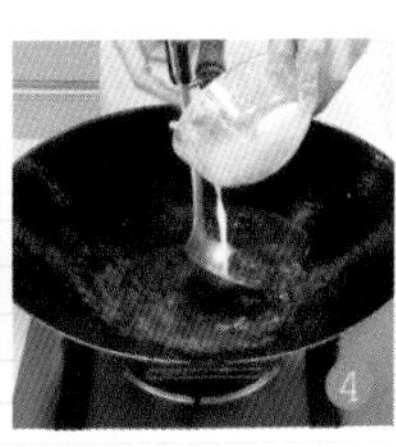

凉拌嫩芹菜

原料

芹菜80克，胡萝卜30克，蒜末、葱花各少许

调料

盐3克，鸡粉少许，芝麻油5毫升，食用油适量

做法

1. 把洗好的芹菜切成小段。
2. 去皮洗净的胡萝卜切片，切成细丝。
3. 锅中注入适量清水，用大火烧开，放入食用油、盐。
4. 再下入胡萝卜片、芹菜段，搅拌均匀，续煮约1分钟至全部食材断生。
5. 捞出焯好的材料，沥干水分，待用。
6. 将沥干水的食材放入碗中，加入盐、鸡粉。
7. 撒上备好的蒜末、葱花，再淋入少许芝麻油。
8. 搅拌约1分钟至食材入味，将拌好的食材装在碗中即可。

小贴士

胡萝卜肉质较硬，应先煮一下，再下入芹菜，可使食材口感一致。

葡萄柚西芹沙拉

原料

葡萄柚1个，西芹150克

调料

橄榄油20毫升，沙拉酱35克，盐2克，胡椒粉少许

做法

1. 洗净的西芹切开，再切段。
2. 洗好的柚子去皮，将部分果肉切瓣，再切成小块。
3. 把余下的柚子肉挤出汁，装入碗中。
4. 加入橄榄油，拌匀，放入盐、胡椒粉，拌匀，制成味汁，备用。
5. 锅中注入适量清水烧开，倒入西芹，煮约1分30秒。
6. 把煮好的西芹捞出，装盘备用。
7. 把柚子肉倒入碗中，加入西芹，倒入味汁，拌匀。
8. 盛出拌好的食材，装入盘中，挤入沙拉酱即可。

炝拌生菜

原料

生菜150克，蒜瓣30克，干辣椒少许

调料

生抽4毫升，白醋6毫升，鸡粉、盐各2克，食用油适量

做法

1. 将洗净的生菜叶取下，撕成小块；把蒜瓣切成薄片，再切细末。
2. 将蒜末放入碗中，加入生抽、白醋、鸡粉、盐，拌匀。
3. 用油起锅，倒入干辣椒，炝出辣味，关火后盛入碗中，制成味汁，待用。
4. 取一个盘子，放入生菜，摆放好，把味汁浇在生菜上即可。

枸杞拌芥蓝梗

原料

芥蓝梗85克，熟黄豆60克，枸杞10克，姜末、蒜末各少许

调料

盐、鸡粉各2克，生抽3毫升，芝麻油、辣椒油各少许，食用油适量

做法

1. 将洗净的芥蓝梗去皮，切成丁。
2. 锅中倒水烧开，放入食用油、盐、芥蓝梗、枸杞，煮至断生，捞出装碗。
3. 碗中放入熟黄豆、姜末、蒜末、盐、鸡粉、生抽、芝麻油，搅拌均匀。
4. 加入辣椒油拌至入味，装盘即可。

玉米芥蓝拌巴旦木仁

原料

芥蓝80克，甜椒50克，玉米粒100克，巴旦木仁40克

调料

盐、鸡粉各2克，芝麻油5毫升，陈醋3毫升

做法

1. 甜椒洗净去籽，切丁；择洗好的芥蓝切丁；巴旦木仁拍碎。
2. 锅中注水烧开，倒玉米粒、芥蓝、甜椒煮2分钟捞出。
3. 装碗，放入盐、鸡粉、芝麻油、陈醋、部分巴旦木仁拌匀，装入盘中。
4. 撒上剩余的巴旦木仁即可。

炝拌手撕蒜薹

原料

蒜薹300克，蒜末少许

调料

老干妈辣椒酱50克，陈醋、芝麻油各5毫升，食用油适量

做法

1. 锅中注水大火烧开，倒入蒜薹搅匀，汆煮至断生，将食材捞出，沥干水分。
2. 取一个碗，用手将蒜薹撕成细丝。
3. 倒入老干妈辣椒酱、蒜末拌匀，淋入少许食用油、陈醋、芝麻油，搅拌片刻。
4. 取一个盘子，将拌好的蒜薹倒入盘中即可。

凉拌花菜

原料

花菜300克，蒜末、葱花各少许

调料

盐2克，鸡粉3克，辣椒油适量

做法

1. 锅中注入适量清水烧开，倒入处理好的花菜，焯煮约1分钟至断生。
2. 将焯煮好的花菜捞出，装入碗中，倒入适量凉水，冷却后，倒出凉水。
3. 加入蒜末、葱花，放入盐、鸡粉、辣椒油，拌匀。
4. 盛入备好的盘中，撒上葱花即可。

田园蔬菜沙拉

原料

玉米粒80克，圣女果、黄瓜各100克，橄榄油15毫升，柠檬汁5毫升

工具

保鲜膜适量

做法

1. 洗净的黄瓜切小丁；洗好的圣女果对半切开。
2. 锅中注水烧开，倒入玉米粒，焯煮一会儿至断生。
3. 捞出焯煮好的玉米，沥干水分，装碗待用。
4. 待玉米粒放凉后，加入切好的圣女果。
5. 倒入黄瓜丁，倒入柠檬汁。
6. 淋入橄榄油搅拌均匀。
7. 封上保鲜膜，放入冰箱冷藏一阵。
8. 取出冷藏好的蔬果，撕开保鲜膜，装入盘中即可。

番茄拌黄瓜

原料

黄瓜120克，番茄220克

调料

白糖5克

做法

1. 洗净的番茄表皮划上“十”字刀。
2. 锅中注入适量清水烧开，放入番茄，稍用水烫一下，捞出，剥去番茄的表皮。
3. 将黄瓜放在砧板上，旁边放一支筷子，切黄瓜但不完全切断，用手稍压一下，使其片状呈散开状，将切好的黄瓜摆放在盘子中备用。
4. 将番茄切成瓣，摆放在黄瓜上面。
5. 撒上白糖即可。

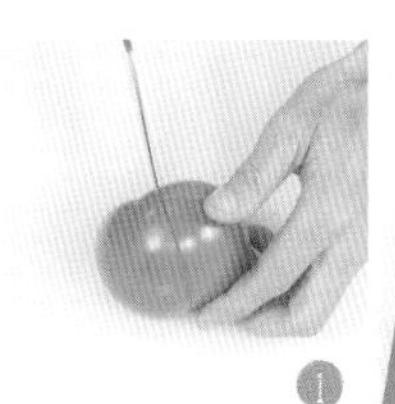

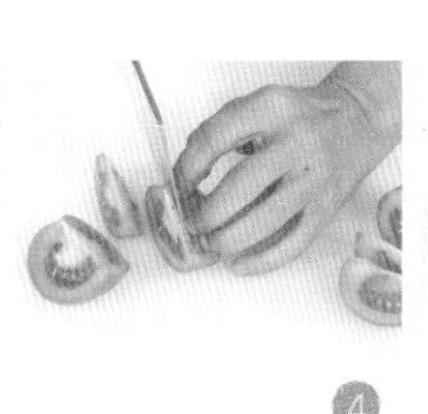

凉拌黄瓜

原料

黄瓜200克

调料

盐3克，白糖、蒜蓉辣酱各10克，蚝油15克，陈醋15毫升，芝麻油适量

工具

保鲜膜适量

做法

1. 洗净的黄瓜用刀面拍松。
2. 将黄瓜切成条，再切成块，装入盘中，待用。
3. 放入适量盐、芝麻油、白糖，再放入蚝油、陈醋。
4. 加入蒜蓉辣酱，搅拌均匀。
5. 用保鲜膜将黄瓜封好。
6. 将黄瓜放入冰箱冷藏一阵。
7. 待冷藏好后，打开冰箱门，将黄瓜从冰箱取出。
8. 去除保鲜膜，即可食用。

小贴士

黄瓜不要拍得太碎，以免影响美观。

老虎菜

原料

黄瓜90克，青椒25克，红椒15克，香菜10克，大葱40克

调料

盐、鸡粉各2克，生抽4毫升，芝麻油6毫升

做法

1. 洗净的大葱切开，再切细丝。
2. 洗好的黄瓜切开，再切片，改切粗丝。
3. 洗净的红椒切开，去籽，切细丝。
4. 洗好的青椒切开，去籽，切细丝，备用。
5. 取一个碗，倒入黄瓜、青椒、红椒。
6. 加入盐、鸡粉、生抽、芝麻油拌匀，腌渍片刻。
7. 再倒入大葱、香菜，用筷子搅拌均匀。
8. 将拌好的菜肴盛入盘中即可。

川辣黄瓜

原料

黄瓜175克，红椒圈10克，干辣椒、花椒各少许

调料

鸡粉、白糖、盐各2克，生抽4毫升，陈醋5毫升，辣椒油10毫升，食用油适量

做法

1. 将洗净的黄瓜切段，切成细条形，去除瓜瓤。
2. 用油起锅，爆香干辣椒、花椒，盛出热油，滤入小碗中，待用。
3. 取一个小碗，放入鸡粉、盐、生抽、白糖、陈醋、辣椒油、热油，拌匀。
4. 放入红椒圈，拌匀，制成味汁。
5. 将黄瓜条放入盘中，摆放整齐，把味汁浇在黄瓜上即可。

黄瓜拌玉米笋

原料

玉米笋200克，黄瓜150克，蒜末、葱花各少许

调料

盐3克，鸡粉2克，生抽4毫升，辣椒油6毫升，陈醋8毫升，芝麻油、食用油各适量

做法

1. 将洗净的玉米笋切开，再切成小段。
2. 洗净的黄瓜对半切开，拍打几下，至瓜肉裂开，再切小块。
3. 锅中注入适量清水烧开，放入切好的玉米笋，加入少许盐、鸡粉，倒入适量食用油，搅拌匀。
4. 用大火焯煮约1分钟，至食材断生后捞出，沥干水分，待用。
5. 取一个干净的碗，倒入焯熟的玉米笋，放入黄瓜块。
6. 撒上蒜末、葱花，加入辣椒油、盐、鸡粉、陈醋、生抽搅拌匀，使调味料溶化。
7. 再淋入少许芝麻油，快速拌匀，至食材入味。
8. 取一个干净的盘子，盛入拌好的食材，摆好盘即成。

小贴士

拍黄瓜的力度不宜太大，以免水分流失过多，影响口感。

圣女果酸奶沙拉

原料

圣女果150克，橙子200克，雪梨180克，酸奶90克，葡萄干60克

调料

山核桃油10毫升，白糖2克

做法

1. 洗净的圣女果对半切开；洗好的雪梨去皮，切块，去芯；洗净的橙子切片。
2. 取一碗，倒入酸奶，加入白糖，淋入山核桃油拌匀，制成沙拉酱，待用。
3. 备一盘，四周摆上切好的橙子片，放入切好的圣女果，摆上切好的雪梨。
4. 浇上沙拉酱，撒上葡萄干即可。

擂辣椒

原料

青椒300克，蒜末少许

调料

盐、鸡粉各3克，豆瓣酱10克，生抽5毫升，食用油适量

做法

1. 洗净的青椒去蒂，待用。
2. 锅注油烧热，倒入青椒搅拌片刻，炸至青椒呈虎皮状，捞出，沥干油。
3. 把青椒倒入碗中，加入蒜末，用木臼棒把青椒捣碎。
4. 放入适量豆瓣酱、生抽、盐、鸡粉搅拌片刻，至食材入味，装入盘中即可。

梅汁苦瓜

原料

苦瓜180克，酸梅酱50克

调料

盐3克

做法

1. 洗好的苦瓜对半切开，去籽，切成段，再切成条。
2. 锅中注入适量清水烧开，放入适量盐，倒入切好的苦瓜，煮1分钟，至其断生。
3. 捞出焯煮好的苦瓜，沥干水分，备用。
4. 把煮好的苦瓜倒入碗中，加入少许盐搅拌片刻。
5. 倒入酸梅酱搅拌至食材入味，盛出拌好的食材，装入盘中即可。

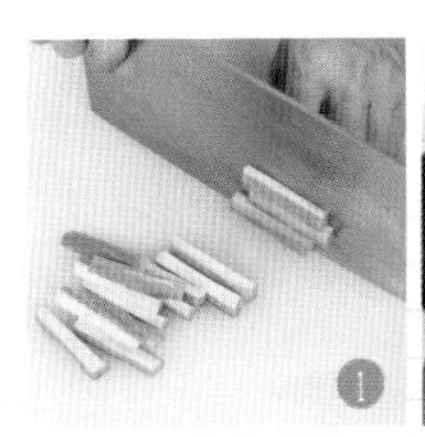

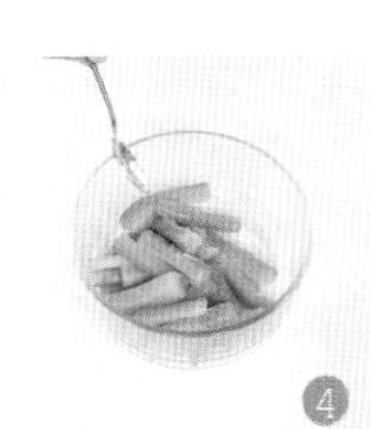
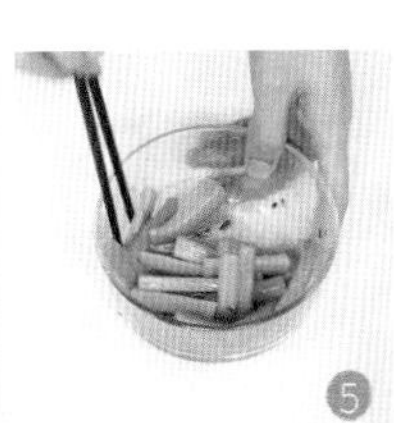

甜椒拌苦瓜

原料

苦瓜150克，彩椒、蒜末各少许

调料

盐、白糖各2克，陈醋9毫升，食粉、芝麻油、食用油各适量

做法

1. 将洗净的苦瓜去瓤，切成粗条；洗好的彩椒切粗丝。
2. 锅中注水烧开，加食用油、彩椒丝，煮至断生，捞出，再倒入苦瓜条，撒上少许食粉拌匀，煮约2分钟，捞出。
3. 碗中放入苦瓜条、彩椒丝、蒜末、盐、白糖、陈醋、芝麻油拌匀，装盘即成。

柠檬银耳浸苦瓜

原料

苦瓜140克，水发银耳100克，柠檬50克，红椒圈少许

调料

盐2克，白糖4克，白醋10毫升

做法

1. 洗净的苦瓜切开，去瓤，再切成片；洗好的柠檬切成薄片。
2. 泡发的银耳切去根部，撕成小块。
3. 取一个碗，倒入白醋、白糖、盐，搅拌至白糖溶化，制成味汁，待用。
4. 大碗中倒入苦瓜、银耳、柠檬片、红椒圈、味汁，拌匀，装入盘中即可。

果味冬瓜

原料

冬瓜600克，橙汁50毫升

调料

蜂蜜15克

做法

1. 将去皮洗净的冬瓜去除瓜瓤。
2. 掏取果肉，制成冬瓜丸子，装入盘中待用。
3. 锅中注入适量清水烧开，倒入冬瓜丸子。
4. 搅拌匀，用中火煮约2分钟，至其断生后捞出。
5. 用干毛巾吸干冬瓜丸子表面的水分，放入碗中。
6. 倒入备好的橙汁，淋入少许蜂蜜快速搅拌匀。
7. 静置一会儿，至其入味。
8. 取一个干净的盘子，盛入制作好的菜肴，摆好盘即成。

果仁凉拌西葫芦

原料

花生米100克，腰果80克，西葫芦400克，蒜末、葱花各少许

调料

盐4克，鸡粉3克，生抽4毫升，芝麻油2毫升，食用油适量

做法

1. 将洗净的西葫芦对半切开，再切成片。
2. 锅中注水烧开，加盐、西葫芦、食用油，煮约1分钟至熟，捞出。
3. 将花生米、腰果倒入沸水锅中，煮约半分钟，捞出花生米、腰果，沥干水分，装盘，待用。
4. 热锅注油烧热，放入花生米、腰果，炸香，捞出花生米和腰果。
5. 把煮好的西葫芦倒入碗中，加入少许盐、鸡粉、生抽。
6. 放入蒜末、葱花，拌匀，加入适量芝麻油，拌匀。
7. 倒入炸好的花生米和腰果，搅拌匀。
8. 盛出拌好的食材，装入盘中即可。

洋葱拌番茄

原料

洋葱85克，番茄70克

调料

白糖4克，白醋10毫升

做法

1. 洗净的洋葱切片，再切成丝；洗好的番茄切成瓣，备用。
2. 把洋葱丝装入碗中，加入少许白糖、白醋。
3. 搅拌匀至白糖溶化，腌渍一会儿。
4. 碗中倒入番茄，搅拌匀。
5. 将拌好的食材装入盘中即可。

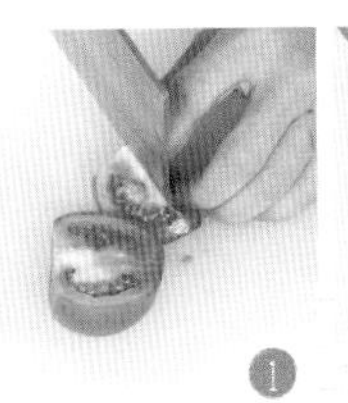

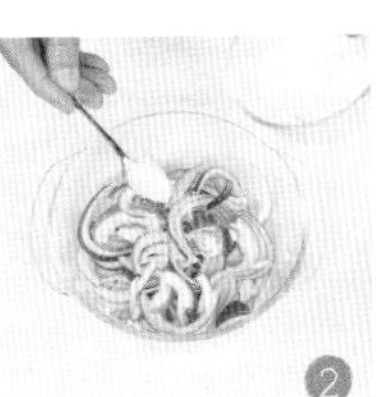

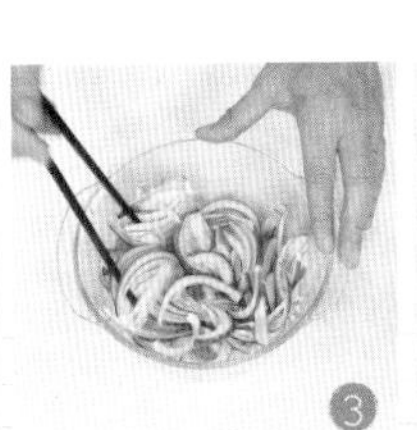

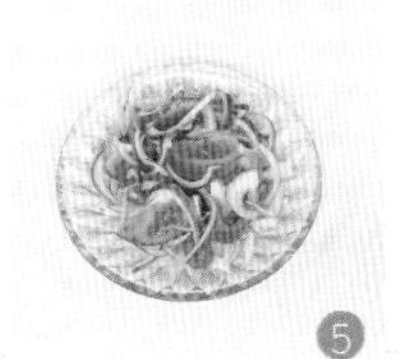

茄子拌青椒

原料

青椒150克，茄子200克，蒜末、姜末、香菜末、葱花各少许，胡萝卜适量

调料

黄豆酱45克，盐、鸡粉各2克，蚝油5克，料酒5毫升，芝麻油2毫升，生抽3毫升，食用油适量

做法

1. 洗净去皮的茄子切段，改切条；洗好的胡萝卜切片，改切条。
2. 洗净的青椒切段，对半切开，再切成条；将切好的食材装入蒸盘里，备用。
3. 将蒸盘放入烧开的蒸锅中，盖上盖，用大火蒸一会儿至食材熟透，待用。
4. 用油起锅，放入姜末、蒜末、黄豆酱爆香，淋入料酒炒香。
5. 加入盐、鸡粉、蚝油炒匀，倒入适量清水拌匀，煮至沸。
6. 加入少许生抽拌匀，调成味汁，关火后将味汁盛出装碗。
7. 在碗中加入香菜末、葱花、芝麻油拌匀。
8. 取出蒸好的食材，倒入大碗中，淋上调好的味汁拌匀，将拌好的菜肴盛出，装入盘中即可。

小贴士

若喜欢食用偏酸味的凉拌菜，可以在味汁中倒入适量陈醋。

手撕茄子

原料

茄子段120克，蒜末少许

调料

盐、鸡粉各2克，白糖少许，生抽3毫升，陈醋8毫升，芝麻油适量

做法

1. 蒸锅上火烧开，放入洗净的茄子段。
2. 盖上盖，用中火蒸一会儿，至食材熟透。
3. 揭盖，取出蒸好的茄子段。
4. 放凉后撕成细条状，装在碗中。
5. 再加入少许盐、白糖、鸡粉，淋上适量生抽。
6. 注入少许陈醋、芝麻油，撒上备好的蒜末。
7. 快速搅拌一会儿，至食材入味。
8. 将拌好的菜肴盛入盘中，摆好盘即可。

捣茄子

原料

茄子200克，青椒40克，红椒45克，蒜末、葱花各少许

调料

生抽8毫升，番茄酱15克，陈醋5毫升，芝麻油2毫升，盐、食用油各适量

做法

1. 洗好的茄子去皮，切条，装盘，备用；青椒、红椒切去蒂。
2. 锅中注油烧热，放入青椒、红椒炸至虎皮状，捞出，沥干油。
3. 蒸锅上火烧开，放入茄子，盖上锅盖，用大火蒸一会儿至其熟软，揭开锅盖，取出茄子，放凉待用。
4. 青椒和红椒装碗，用木臼棒将其捣碎，倒入茄子、蒜末，继续捣碎。
5. 加入生抽、盐、番茄酱、陈醋、芝麻油拌至入味，撒上葱花即可。

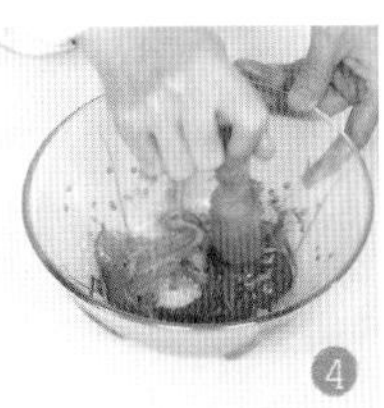

凉拌秋葵

原料

秋葵100克，朝天椒5克，姜末、蒜末各少许

调料

盐2克，鸡粉1克，香醋4毫升，芝麻油3毫升，食用油适量

做法

1. 秋葵洗净切小段；朝天椒洗净切小圈。
2. 锅中注水，加入盐、食用油烧开，倒入秋葵拌匀，汆煮至断生，捞出装碗。
3. 碗中加入朝天椒、姜末、蒜末，加入盐、鸡粉、香醋，再淋入芝麻油。
4. 充分拌匀至秋葵入味，装盘即可。

橄榄油芹菜拌白萝卜

原料

芹菜80克，白萝卜300克，红椒35克

调料

盐、白糖、鸡粉各2克，辣椒油4毫升，橄榄油适量

做法

1. 洗净的芹菜拍破，切段；洗净的白萝卜切丝；洗净的红椒去籽，切成丝。
2. 锅中注水烧开，放盐、橄榄油、白萝卜、芹菜、红椒煮约1分钟至断生，捞出。
3. 把食材装入碗中，加盐、白糖、鸡粉、辣椒油、橄榄油拌匀。
4. 将拌好的食材装盘即可。

胡萝卜拌佛手瓜

原料

佛手瓜、胡萝卜各100克，金针菇80克，蒜末、葱花各少许

调料

盐4克，鸡粉2克，生抽4毫升，芝麻油2毫升，陈醋5毫升，食用油适量

做法

1. 洗净去皮的胡萝卜切成片，再切成丝。
2. 洗好的佛手瓜去核，切成片，再切成丝；洗净的金针菇切去根部。
3. 锅中注入适量清水烧开，加入少许盐、食用油，倒入切好的胡萝卜、佛手瓜，搅匀，煮半分钟。
4. 再放入金针菇，拌匀，再煮半分钟，将焯好的食材捞出，沥水。
5. 将焯煮好的食材倒入碗中，加入适量盐、鸡粉、生抽。
6. 再放入葱花、蒜末，淋入适量陈醋，拌匀。
7. 倒入少许芝麻油拌匀，继续搅拌一会儿，至食材入味。
8. 将拌好的食材装入盘中即可。

拍胡萝卜

原料

胡萝卜240克，蒜末少许

调料

芝麻酱10克，陈醋12毫升，盐、白糖、鸡粉、芝麻油各少许

做法

1. 洗净去皮的胡萝卜切段，再切厚片，改切成条形，用刀拍一下，备用。
2. 取一个小碗，放入芝麻酱、陈醋，搅拌均匀。
3. 再放入盐、白糖、鸡粉、芝麻油，调匀，制成味汁，待用。
4. 另取一个大碗，倒入胡萝卜、蒜末，淋入调好的味汁搅拌均匀，至食材入味，将拌好的食材装入盘中即可。

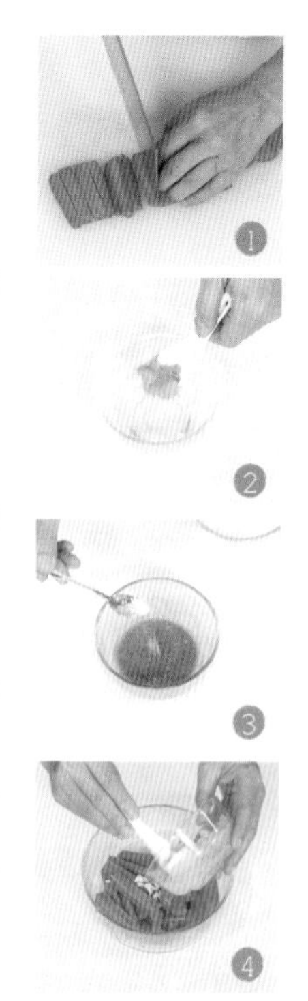

麻油萝卜丝

原料

白萝卜160克，胡萝卜75克，干辣椒、花椒各少许

调料

盐、鸡粉各2克，白糖少许，陈醋8毫升，食用油适量

做法

1. 将洗净去皮的白萝卜切细丝；洗好去皮的胡萝卜切成丝。
2. 用油起锅，放入干辣椒、花椒拌匀，用小火炸出香味，制成麻辣味汁。
3. 取一碗，放切好的食材、盐、鸡粉。
4. 加麻辣味汁、陈醋、白糖拌匀即成。

蜜汁凉薯胡萝卜

原料

凉薯140克，胡萝卜75克，蜂蜜少许

做法

1. 将去皮洗净的胡萝卜切成大小均匀的薄片，待用。
2. 将去皮洗好的凉薯切开，再改切成片，待用。
3. 取一盘子，放入切好的胡萝卜片、凉薯片，摆好盘。
4. 再均匀地淋上备好的蜂蜜即可。

醋拌莴笋萝卜丝

原料

莴笋140克，白萝卜200克，蒜末、葱花各少许

调料

盐3克，鸡粉2克，陈醋5毫升，食用油适量

做法

1. 将洗净去皮的白萝卜、莴笋切细丝。
2. 锅中注水烧开，放入盐、食用油、白萝卜丝、莴笋丝搅匀，煮约1分钟，捞出。
3. 放在碗中，撒上蒜末、葱花，加入盐、鸡粉，淋入陈醋搅拌至食材入味。
4. 取一干净的盘子，放入拌好的食材，摆好即成。

香辣莴笋丝

原料

莴笋340克，红椒35克，蒜末少许

调料

盐、鸡粉、白糖各2克，生抽3毫升，辣椒油、亚麻籽油各适量

做法

1. 洗净去皮的莴笋切丝；洗净的红椒去籽，切成丝。
2. 锅中注水烧开，放入盐、亚麻籽油、莴笋略煮，加入红椒煮至断生，捞出。
3. 装入碗中，加入蒜末、盐、鸡粉、白糖、生抽、辣椒油、亚麻籽油，拌匀。
4. 将菜肴装入盘中即可。

蜜汁笋片

原料

莴笋350克，蜂蜜20克

调料

盐3克，白糖适量

做法

1. 处理好的莴笋斜刀切成段，再切片。
2. 莴笋装入碗中，加入盐，搅拌匀，静置片刻，使莴笋变软。
3. 碗中倒入适量清水，将盐分清洗净，待用。
4. 将沥干的莴笋装入碗中，加入蜂蜜，倒入白糖，搅拌均匀，将拌好的莴笋装入盘中即可。

炝拌莴笋

原料

莴笋260克，干辣椒、花椒、姜丝各少许

调料

白醋6毫升，白糖5克，盐6克，食用油适量

做法

1. 洗净去皮的莴笋切条，加盐腌渍至入味，注水洗去盐分，倒去水，撒上姜丝。
2. 用油起锅，放入花椒、干辣椒爆香，捞出，盛出部分热油，浇在莴笋上。
3. 锅底留油烧热，倒入白醋、白糖拌至白糖溶化，调成味汁，浇在莴笋上。
4. 将碗中材料拌匀，腌渍一会儿即可。

糖醋樱桃萝卜

原料

樱桃萝卜300克，彩椒丝40克

调料

盐3克，米醋150毫升，白糖20克

做法

1. 将洗净的樱桃萝卜对半切开，再切成片。
2. 把萝卜片装入碗中，加入少许盐搅拌匀。
3. 腌渍一会儿，去除涩味，待用。
4. 取来腌渍好的萝卜片，注入适量清水，清洗一遍。
5. 去除咸味，沥干水分后装入碗中。
6. 倒入米醋，搅拌匀，放入彩椒丝，加入适量白糖，快速搅拌匀，至糖分溶化。
7. 再静置一会儿，至萝卜片入味。
8. 取一个干净的盘子，盛出腌好的萝卜片，摆好盘即成。

风味拍红萝卜

原料

红皮萝卜270克，蒜末少许

调料

鸡粉、盐各2克，白糖、陈醋、芝麻油、芝麻酱各适量

做法

1. 洗净的红皮萝卜切开，再切片，改切成条形，用刀拍裂，备用。
2. 取一个小碗，放入芝麻酱，淋入陈醋、芝麻油，拌匀，调成味汁，待用。
3. 另取一个大碗，倒入红皮萝卜，放入味汁，撒上蒜末。
4. 加入鸡粉、盐、白糖，拌匀，至食材入味。
5. 将拌好的菜肴盛入盘中即可。

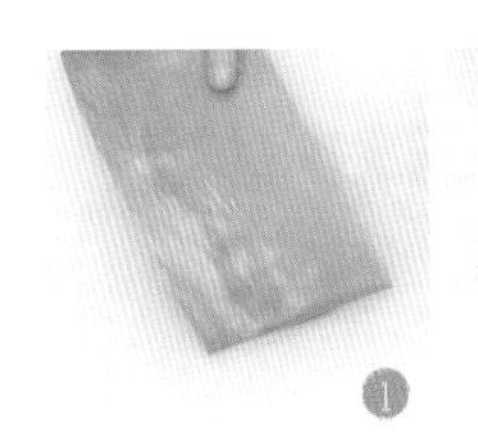

老醋土豆丝

原料

土豆200克，水发木耳40克，彩椒50克，蒜末、葱花各少许

调料

盐、鸡粉各2克，白糖4克，陈醋7毫升，芝麻油2毫升

做法

1. 洗净去皮的土豆切丝；洗好的彩椒去籽，切成丝；洗净的木耳切丝。
2. 木耳、彩椒、土豆入沸水锅中焯水。
3. 捞出装碗，放盐、鸡粉、白糖、蒜末、葱花、陈醋、芝麻油搅拌均匀。
4. 盛出食材，装碗，撒上葱花即可。

黄瓜拌土豆丝

原料

去皮土豆250克，黄瓜200克，熟白芝麻15克

调料

盐、白糖各1克，芝麻油、白醋各5毫升

做法

1. 洗好的黄瓜、土豆切丝。
2. 取一碗清水，放入土豆稍拌片刻，洗过后将水倒走。
3. 沸水锅中倒入土豆丝焯煮一会儿至断生，捞出，过凉水，装入碗中。
4. 碗中放入黄瓜丝、盐、白糖、芝麻油、白醋拌匀，装碟，撒上熟白芝麻即可。

香麻藕片

原料

莲藕150克，彩椒20克，花椒适量，姜丝、葱丝各少许

调料

盐、鸡粉各2克，白醋12毫升，食用油适量

做法

1. 洗净的彩椒切细丝；洗好去皮的莲藕切薄片；锅中注水烧开，倒入藕片拌匀，中火煮约2分钟，捞出。
2. 起油锅，炸香花椒，放入姜丝、白醋、盐、鸡粉拌匀，略煮，放入彩椒丝、葱丝拌匀，煮至食材断生，制成味汁。
3. 将藕片装入盘中，浇上味汁即可。

蒜油藕片

原料

莲藕260克，黄瓜120克，蒜末少许

调料

陈醋6毫升，盐、白糖各2克，生抽4毫升，辣椒油10毫升，花椒油7毫升，食用油适量

做法

1. 黄瓜洗净切片；洗好去皮的莲藕切片。
2. 沸水锅中倒入藕片煮至断生，捞出。
3. 起油锅，倒入蒜末煸炒成蒜油，盛出。
4. 取一碗，倒入藕片、黄瓜、蒜油、陈醋、盐、白糖、生抽、辣椒油、花椒油搅拌至食材入味，装入盘中即可。

凉拌竹笋尖

原料

竹笋129克，红椒25克

调料

盐2克，白醋5毫升，鸡粉、白糖各少许

做法

1. 去皮洗好的竹笋切片，再切成小块。
2. 洗净的红椒切开，去籽，切成丝，备用。
3. 锅中注入适量清水烧开，倒入竹笋，搅拌均匀，煮至变软。
4. 放入红椒，煮至食材断生。
5. 捞出焯煮好的食材，沥干水分，待用。
6. 将焯好水的食材装入碗中，加入少许盐、鸡粉。
7. 再放入少许白糖、白醋，搅拌至食材入味。
8. 将拌好的食材装入盘中即可。

Part 3 可口凉拌菌豆

香菇、金针菇、木耳、四季豆、豆腐、豆腐干等食材营养丰富，是老百姓经常食用的菌豆菜。在炎炎夏季，选用一些新鲜的菌豆，通过简单的凉拌，便可以制作出色、香、味、形俱全的诱人凉拌菜，非常干净卫生、清新爽口，既能促进食欲，又能补充丰富的营养成分。本章精心准备了一些常见的凉拌菌豆菜，这些食材易得、做法简单，无论是查阅文字，还是扫描二维码观看烹饪视频，读者均能快速上手，用6分钟的时间做出拿手好菜。

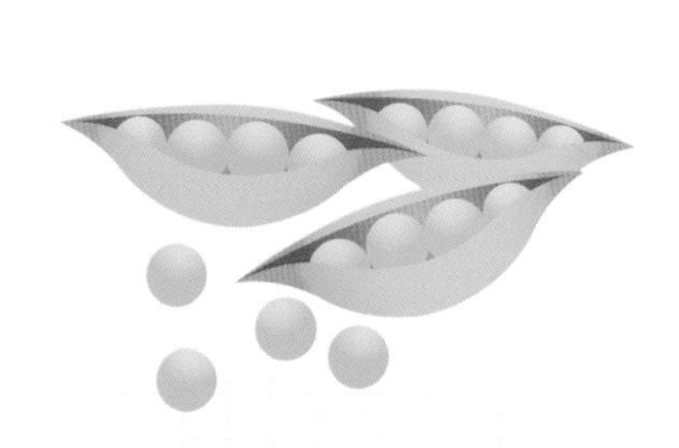

金针菇拌豆干

原料

金针菇85克，豆干165克，彩椒20克，蒜末少许

调料

盐、鸡粉各2克，芝麻油6毫升

做法

1. 洗净的金针菇切去根部；洗好的彩椒切开，去籽，切细丝。
2. 洗净的豆干切粗丝，备用。
3. 锅中注水，用大火烧开，倒入备好的豆干拌匀，略煮一会儿。
4. 捞出豆干，沥干水分，待用。
5. 另起锅，注入适量清水，烧开。
6. 倒入金针菇、彩椒，拌匀，煮至断生，捞出沥干水，待用。
7. 取一个大碗，倒入金针菇、彩椒、豆干拌匀。
8. 撒上蒜末，加入盐、鸡粉、芝麻油拌匀，将拌好的菜肴装入盘中即成。

金针菇拌紫甘蓝

原料

紫甘蓝160克，金针菇80克，彩椒10克，蒜末少许

调料

盐2克，鸡粉1克，白糖3克，陈醋7毫升，芝麻油12毫升

做法

1. 洗好的金针菇切去根部；洗净的彩椒切细丝。
2. 洗好的紫甘蓝切细丝，备用。
3. 锅中注入适量清水烧开，倒入金针菇、彩椒丝，拌匀，略煮片刻，捞出材料，沥干水分，待用。
4. 取一个大碗，倒入紫甘蓝，放入焯过水的食材，撒上蒜末拌匀。
5. 加入盐、鸡粉、白糖、陈醋、芝麻油拌匀至食材入味，将拌好的食材盛入盘中即可。

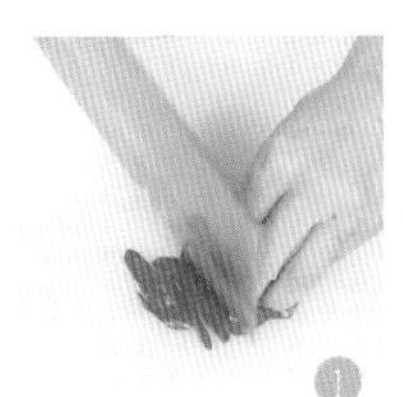

腊八豆拌金针菇

原料

腊八豆酱20克，金针菇130克，葱花少许

调料

盐1克，鸡粉2克，黑芝麻油、食用油各适量

做法

1. 将洗净的金针菇切去老茎。
2. 把金针菇装入盘中，待用。
3. 锅中注水烧开，加入适量盐、食用油。
4. 放入金针菇，煮约半分钟，至其熟透。
5. 将煮熟的金针菇捞出，装入碗中。
6. 加入适量鸡粉、腊八豆酱，撒入少许葱花。
7. 再淋入适量黑芝麻油，用筷子拌匀调味。
8. 将拌好的金针菇装入盘中即成。

小贴士

腊八豆酱有咸味，所以可以少放盐，以免影响金针菇的鲜嫩口感。

白萝卜拌金针菇

原料

白萝卜200克，金针菇100克，彩椒20克，圆椒10克，蒜末、葱花各少许

调料

盐、鸡粉各2克，白糖5克，辣椒油、芝麻油各适量

做法

1. 洗净去皮的白萝卜切片，改切成细丝；洗好的圆椒切成细丝。
2. 洗净的彩椒切成细丝；将金针菇切除根部。
3. 锅中注入适量清水烧开，倒入金针菇，拌匀，煮至断生。
4. 捞出金针菇，放入凉开水中，清洗干净，沥干水分，待用。
5. 取一个大碗，倒入白萝卜，放入切好的彩椒、圆椒。
6. 倒入金针菇，撒上蒜末，拌匀。
7. 加入盐、鸡粉、白糖，淋入少许辣椒油、芝麻油。
8. 撒入葱花，拌匀，装入盘中即可。

金针菇拌黄瓜

原料

金针菇110克，黄瓜90克，胡萝卜40克，蒜末、葱花各少许

调料

盐3克，食用油2毫升，陈醋3毫升，生抽5毫升，鸡粉、辣椒油、芝麻油各适量

做法

1. 将洗净的黄瓜切片，改切成丝。
2. 去皮洗好的胡萝卜切成丝；洗好的金针菇切去根部。
3. 锅中注水烧开，放入食用油，加2克盐，倒入胡萝卜搅匀，煮半分钟，放入金针菇搅匀，煮1分钟至熟透，捞出。
4. 黄瓜丝装碗，放入盐拌匀，倒入金针菇、胡萝卜、蒜末、葱花。
5. 加入鸡粉、陈醋、生抽、辣椒油、芝麻油拌匀，装入盘中即可。

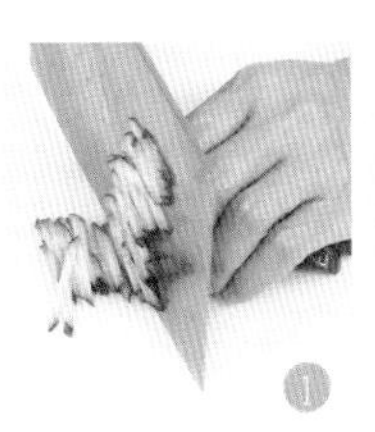

手撕杏鲍菇

原料

杏鲍菇200克，青椒15克，红椒15克，蒜末少许，番茄片适量

调料

生抽5毫升，陈醋5毫升，白糖、盐各2克，芝麻油少许

做法

1. 杏鲍菇洗净切条；青、红椒均洗净切末；蒸锅烧开，放杏鲍菇，大火蒸片刻。
2. 碗中倒入蒜末、青椒、红椒、生抽、白糖、陈醋、盐、芝麻油，调成味汁。
3. 将放凉的杏鲍菇撕成细条，再撕段。
4. 番茄做装饰，放杏鲍菇、味汁即可。

野山椒杏鲍菇

原料

杏鲍菇120克，野山椒30克，辣椒2个，葱丝少许

调料

盐、白糖各2克，鸡粉3克，陈醋、食用油、料酒各适量

做法

1. 杏鲍菇洗净切片；辣椒洗净切圈；野山椒剁碎。
2. 锅中注水烧开，加杏鲍菇，倒入料酒，焯水捞出，放入凉开水中，倒出水，加野山椒、辣椒、葱丝、盐、鸡粉、陈醋、白糖、食用油拌匀，密封好。
3. 入冰箱冷藏片刻，装盘放上葱丝即可。

橄榄油蒜香蟹味菇

原料

蟹味菇200克，彩椒40克，蒜末、黑胡椒粒各少许

调料

盐3克，橄榄油5毫升，食用油适量

做法

1. 将洗净的彩椒切粗丝。
2. 锅中注水烧开，加盐、食用油、蟹味菇、彩椒丝拌匀，煮约半分钟，捞出。
3. 将焯煮熟的食材装入碗中，加入盐、蒜末、橄榄油搅匀，至食材入味。
4. 取一个干净的盘子，盛入拌好的食材，撒上黑胡椒粒即成。

凉拌手撕平菇

原料

平菇200克，彩椒70克，蒜末少许

调料

鸡粉2克，盐、白糖各3克，陈醋5毫升，食用油、芝麻油各适量

做法

1. 洗净的彩椒切成条；洗好的平菇撕成小块。
2. 锅中注水烧开，放入盐、鸡粉、食用油、平菇、彩椒，煮半分钟，捞出。
3. 将平菇和彩椒装入碗中，放入盐、白糖、蒜末、陈醋、芝麻油拌至入味。
4. 将拌好的食材盛出，装入盘中即可。

彩椒鲜蘑沙拉

原料

去皮胡萝卜40克，彩椒60克，口蘑50克，土豆150克，沙拉酱10克

调料

盐2克，橄榄油10毫升，胡椒粉3克

做法

1. 洗净的胡萝卜切片；洗好的彩椒切片。
2. 洗净的口蘑切块；洗好的土豆切片。
3. 锅中注入适量清水烧开，倒入土豆、口蘑、胡萝卜、彩椒，焯煮片刻。
4. 关火，将焯煮好的食材捞出，放入凉开水中。
5. 冷却后装入干净的碗中。
6. 加入适量盐、橄榄油、胡椒粉。
7. 用筷子搅拌均匀。
8. 将拌好的食材倒入盘子中，挤上沙拉酱即可。

剁椒白玉菇

原料

白玉菇120克，剁椒40克

调料

鸡粉2克，白醋7毫升，芝麻油6毫升

做法

1. 洗好的白玉菇切去根部，备用。
2. 锅中注入适量清水烧开，倒入白玉菇，拌匀，煮至断生。
3. 捞出焯煮好的白玉菇，沥干水分，待用。
4. 取一个大碗，倒入白玉菇，放入剁椒。
5. 加入鸡粉、白醋、芝麻油拌匀，至食材入味，将拌好的食材盛入盘中即可。

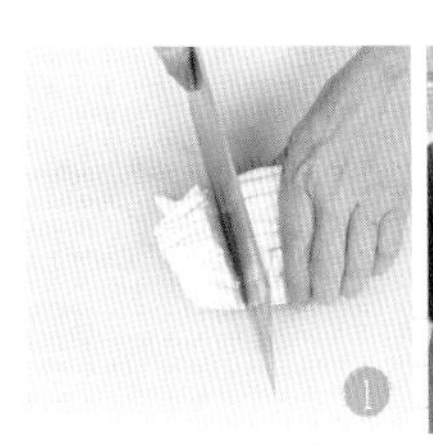

乌醋花生黑木耳

原料

水发黑木耳150克，去皮胡萝卜80克，熟花生100克，朝天椒1个，葱花8克

调料

生抽3毫升，乌醋5毫升

做法

1. 洗净的胡萝卜切片，改切丝。
2. 锅中注入适量清水烧开，倒入切好的胡萝卜丝、洗净的黑木耳，拌匀。
3. 焯煮一会儿至食材断生。
4. 捞出焯好的食材，放入凉开水中待用。
5. 捞出凉开水中的胡萝卜和黑木耳装在碗中。
6. 加入备好的花生米。
7. 放入切碎的朝天椒，加入生抽、乌醋，拌匀。
8. 将拌好的凉菜装在盘中，撒上葱花点缀即可。

小贴士

焯煮木耳的时间不宜太长，以免影响其脆爽的口感。

凉拌木耳

原料

水发木耳120克，胡萝卜45克，香菜15克

调料

盐、鸡粉各2克，生抽5毫升，辣椒油7毫升

做法

1. 将洗净的香菜切长段。
2. 去皮洗净的胡萝卜切薄片，改切细丝，备用。
3. 锅中注入适量清水烧开，放入洗净的木耳，拌匀。
4. 煮约2分钟，至其熟透后捞出，沥干水分，待用。
5. 取一个大碗，放入焯好的木耳。
6. 倒入胡萝卜丝、香菜段，加入少许盐、鸡粉。
7. 淋入适量生抽，倒入少许辣椒油，搅拌一会儿，至食材入味。
8. 将拌好的菜肴盛入盘中即成。

芝麻拌黑木耳

原料

水发黑木耳70克，彩椒50克，香菜20克，熟白芝麻少许

调料

盐3克，鸡粉2克，陈醋、生抽各5毫升，芝麻油2毫升，食用油适量

做法

1. 木耳、彩椒均洗净切块；香菜洗净切段。
2. 沸水锅中加盐、食用油、黑木耳，煮半分钟，倒入彩椒块，再煮半分钟，捞出装碗，加盐、鸡粉、香菜，再放入陈醋、芝麻油、生抽拌匀。
3. 盛出装入盘中，撒上熟白芝麻即成。

木耳拍黄瓜

原料

黄瓜500克，水发木耳80克，蒜末、红椒丝、葱花各少许

调料

盐、鸡粉各2克，陈醋、辣椒油、芝麻油各适量

做法

1. 将洗净的黄瓜拍破，切成段。
2. 锅中注水烧开，放入木耳，煮约1分30秒至熟，捞出，装盘备用。
3. 大碗中放入蒜末、红椒丝、葱花、陈醋、辣椒油、芝麻油、盐、鸡粉拌匀。
4. 放入木耳、黄瓜拌匀，装盘即可。

老醋黑木耳拌菠菜

原料

水发黑木耳40克，菠菜90克，水发花生米90克，蒜末少许

调料

盐、白糖各3克，鸡粉2克，陈醋6毫升，芝麻油2毫升，食用油适量

做法

1. 菠菜洗净去根切段；黑木耳洗净切块。
2. 锅中注水烧开，倒入花生米、盐，小火煮片刻；另起沸水锅，放盐、油、黑木耳、菠菜焯水，捞出装碗，加花生米、鸡粉、白糖。
3. 放入陈醋、芝麻油、蒜末拌至入味即可。

蒜泥黑木耳

原料

水发黑木耳60克，胡萝卜80克，蒜泥、葱花各少许

调料

盐、鸡粉、白糖各3克，陈醋4毫升，芝麻油2毫升，食用油适量

做法

1. 洗净去皮的胡萝卜切成片；洗好的黑木耳切成小块。
2. 锅中注水烧开，放入盐、鸡粉、食用油、黑木耳、胡萝卜煮至食材熟透，捞出。
3. 装碗，放入盐、鸡粉、白糖、蒜泥。
4. 加葱花、陈醋、芝麻油拌至入味即可。

甜椒紫甘蓝拌木耳

原料

紫甘蓝120克，彩椒90克，水发木耳40克，蒜末少许

调料

鸡粉2克，盐、白糖各3克，陈醋10毫升，芝麻油、食用油各适量

做法

1. 将洗净的彩椒切成粗丝；洗好的紫甘蓝切成丝，备用。
2. 锅中注水烧开，加盐、食用油略煮，倒入洗净的木耳，放入彩椒丝。
3. 再倒入切好的紫甘蓝，搅拌均匀，煮1分30秒，至全部食材熟软后捞出，沥干水分，待用。
4. 将焯煮好的食材装入碗中，撒上蒜末，淋入适量陈醋，再加入少许盐、鸡粉、白糖，注入少许芝麻油，搅拌一会儿，至食材入味。
5. 取一个干净的盘子，盛入拌好的菜肴，摆好盘即成。

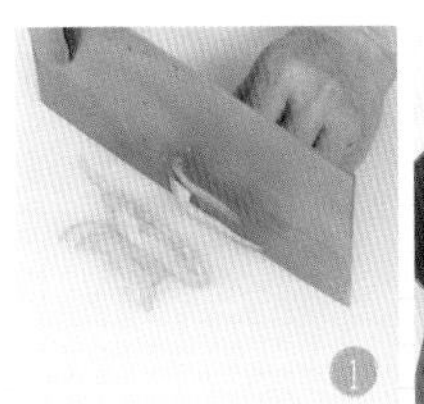

凉拌双耳

原料

水发银耳180克，水发木耳140克，青椒15克，红椒10克，芥末酱少许

调料

盐、鸡粉各2克，白糖少许，生抽6毫升

做法

1. 洗净的红椒切开，用斜刀切片。
2. 洗好的青椒切开，去籽，改切小块。
3. 洗净的木耳撕成小朵。
4. 洗好的银耳切小朵，备用。
5. 把芥末酱装入小碟中，加入少许生抽，调成味汁，待用。
6. 取一个大碗，放入处理好的银耳、木耳，倒入青椒、红椒，加入少许盐、白糖、鸡粉。
7. 淋入适量生抽，倒入调好的味汁，搅拌一会儿，至食材入味。
8. 将拌好的菜肴装入盘中即成。

菠萝银耳

原料

水发银耳100克，菠萝肉125克

工具

保鲜膜适量

调料

冰糖30克，蜂蜜25克

做法

1. 将冰糖用刀背拍碎；处理好的菠萝肉切成片，再切成条。
2. 泡发好的银耳切去黄色根部，撕成小块，待用。
3. 取一个碗，倒入菠萝肉、银耳，放入冰糖，搅拌均匀，淋入适量蜂蜜。
4. 搅拌片刻，用保鲜膜封住碗口，冷藏片刻。
5. 取出冷藏好的材料，撕去保鲜膜，装入盘中即可。

红油拌杂菌

原料

白玉菇50克，鲜香菇35克，杏鲍菇55克，平菇30克，蒜末、葱花各少许

调料

盐、鸡粉各2克，胡椒粉少许，料酒3毫升，生抽4毫升，辣椒油、花椒油各适量

做法

1. 将洗净的香菇切开，再切小块。
2. 洗好的杏鲍菇切开，再切片，改切成条形，备用。
3. 锅中注入适量清水烧开，倒入切好的杏鲍菇，拌匀，用大火煮约1分钟，放入香菇块，拌匀，淋入少许料酒。
4. 倒入洗好的平菇、白玉菇，拌匀，煮至断生，关火后捞出食材，沥干水分，待用。
5. 取一个大碗，倒入焯熟好的食材，加入少许盐、生抽、鸡粉。
6. 放入适量胡椒粉，撒上备好的蒜末，淋入辣椒油、花椒油。
7. 搅拌匀，再放入葱花，搅拌均匀至食材入味。
8. 将拌好的菜肴装入盘中即成。

小贴士

焯煮食材时可以加入少许食用油，这样菜肴的口感更爽滑。

四季豆拌鱼腥草

原料

四季豆200克，彩椒40克，鱼腥草120克，干辣椒、花椒、蒜末、葱花各少许

调料

盐3克，鸡粉2克，白醋、辣椒油各3毫升，白糖4克，食用油适量

做法

1. 洗好的四季豆切成段；洗净的彩椒切开，去籽，切成丝。
2. 洗好的鱼腥草切成段，备用。
3. 锅中注水烧开，倒入食用油、盐、四季豆，搅拌匀，煮2分钟。
4. 倒入鱼腥草、彩椒，煮半分钟，捞出，沥干水分，备用。
5. 用油起锅，放入干辣椒、花椒，爆香，盛出炒好的花椒油，待用。
6. 将焯煮好的食材装碗，放入蒜末、葱花，倒入炒制好的花椒油。
7. 放入适量盐、鸡粉、白醋、辣椒油、白糖，搅拌至食材入味。
8. 盛出拌好的食材，装入盘中即可。

麻香豆角

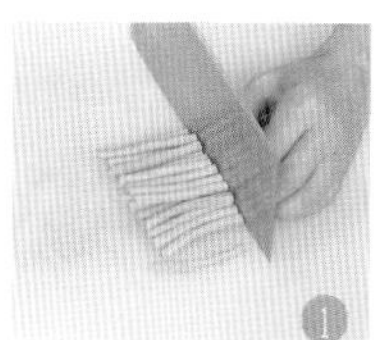

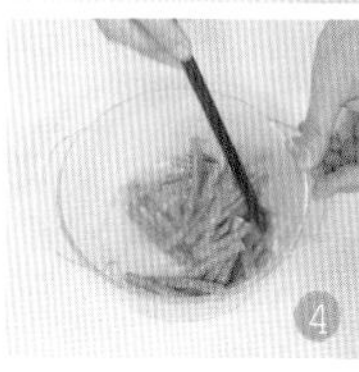

原料

豆角200克，蒜末少许

调料

盐、鸡粉各2克，芝麻酱4克，芝麻油5毫升

做法

1. 将洗好的豆角切成长段。
2. 锅中注入适量清水，大火烧开，放入豆角，加入少许盐。
3. 煮至断生，捞出豆角，沥干水分，装盘待用。
4. 取一个大碗，倒入豆角、蒜末，放入芝麻酱，加入盐、鸡粉、芝麻油搅拌匀，至食材入味，将拌好的食材盛入盘中即可。

枸杞拌蚕豆

原料

蚕豆400克，枸杞20克，香菜10克，蒜末10克

调料

盐1克，生抽、陈醋各5毫升，辣椒油适量

做法

1. 锅内注水，加入盐、蚕豆、枸杞拌匀，大火煮开后转小火煮一会儿，捞出。
2. 另起锅，倒入辣椒油、蒜末爆香，加入生抽、陈醋拌匀，制成酱汁。
3. 将酱汁倒入蚕豆和枸杞中搅拌均匀。
4. 将拌好的菜肴装入盘中，撒上香菜点缀即可。

香菇拌扁豆

原料

鲜香菇60克，扁豆100克

调料

盐、鸡粉各4克，芝麻油4毫升，白醋、食用油各适量

做法

1. 锅中注水烧开，加盐、食用油、扁豆煮半分钟，捞出，倒入香菇煮半分钟，捞出。
2. 把放凉的香菇切长条；扁豆切长条。
3. 把香菇装入碗中，加入盐、鸡粉、芝麻油，拌匀；将扁豆装入碗中，加入盐、鸡粉、白醋、芝麻油拌匀。
4. 将拌好的扁豆装盘，放上香菇即可。

香菜拌黄豆

原料

水发黄豆200克，香菜20克，姜片、花椒各少许

调料

盐2克，芝麻油5毫升

做法

1. 锅中注水烧开，倒入黄豆、姜片、花椒、盐，盖上盖，大火煮至开。
2. 转小火煮至食材入味。
3. 掀开盖，将食材捞出装入碗中，拣去姜片、花椒。
4. 将香菜加入黄豆中，加入盐、芝麻油搅拌片刻，装入盘中即可。

五香黄豆香菜

原料

水发黄豆200克，香菜30克，姜片、葱段、香叶、八角、花椒各少许

调料

盐2克，白糖5克，芝麻油、食用油各适量

做法

1. 将洗净的香菜切段。
2. 用油起锅，倒入八角、花椒、姜片、葱段、香叶炒香，加入白糖、盐、清水、黄豆搅匀，大火烧开后转小火卤熟，盛出食材。
3. 加入香菜、盐、芝麻油拌至入味。
4. 将拌好的菜肴盛入盘中，摆好即可。

豌豆拌土豆泥

原料

豌豆85克，土豆140克

调料

盐、白糖各2克，鸡粉、胡椒粉、芝麻油各适量

做法

1. 洗净去皮的土豆切片，再切条形，改切成小块，装入蒸盘。
2. 洗好的豌豆放入碗中，加入白糖、盐，再注入少许清水，搅拌均匀，待用。
3. 蒸锅上火烧开，放入土豆。
4. 盖上盖，用中火蒸至熟软。
5. 揭盖，放入豌豆，盖盖，蒸至熟透，揭盖，取出放凉。
6. 将放凉的土豆压碎，碾成泥状。
7. 将土豆泥放入碗中，倒入豌豆搅拌匀。
8. 加入盐、白糖、鸡粉、胡椒粉、芝麻油，拌至入味，装盘即可。

桂花芸豆

原料

水发芸豆230克，糖桂花50克，冰糖30克

做法

1. 锅中注入适量清水，开大火烧至水热。
2. 倒入洗净的芸豆，放入适量冰糖，搅拌均匀。
3. 盖上锅盖，大火煮开后转小火煮至食材熟软。
4. 掀开锅盖，将芸豆捞出，装入备好的碗中。
5. 倒上糖桂花，搅拌均匀，将拌好的芸豆倒入盘中即可。

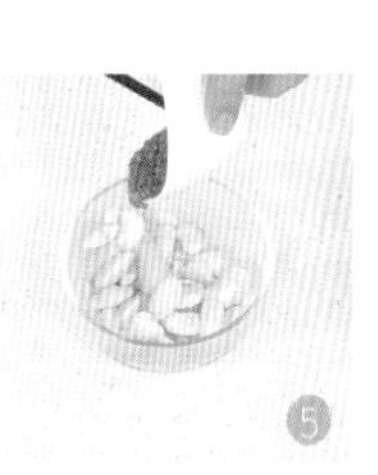

蜜汁红枣芸豆

原料

水发芸豆270克，红枣80克，山楂30克

调料

蜂蜜30克，冰糖50克

做法

1. 锅中注入适量清水，大火烧开。
2. 倒入泡发好的芸豆、红枣、山楂，搅拌匀。
3. 盖上锅盖，煮开后转小火煮一会儿至食材熟软。
4. 掀开锅盖，倒入冰糖，搅拌片刻。
5. 盖上锅盖，续煮至食材入味。
6. 掀开锅盖，将煮好的食材捞出，装入备好的碗中。
7. 倒入少许蜂蜜，搅拌均匀。
8. 将拌好的食材装入盘中即可。

小贴士

豆子可以待完全放凉后再食用，口感会更好。

黄瓜拌绿豆芽

原料

黄瓜200克，绿豆芽80克，红椒15克，蒜末、葱花各少许

调料

盐、鸡粉各2克，陈醋4毫升，芝麻油、食用油各适量

做法

1. 将洗净的黄瓜、红椒切成丝。
2. 锅中注水烧开，加食用油、绿豆芽、红椒，煮约半分钟至熟，捞出装碗。
3. 再放入黄瓜丝，加入适量盐、鸡粉、蒜末、葱花、陈醋拌匀至入味。
4. 淋入芝麻油拌匀，装入盘中即成。

香辣黄豆芽

原料

黄豆芽130克，辣椒粉、葱花各少许

调料

盐2克，鸡粉1克，食用油适量

做法

1. 洗好的黄豆芽切除根部。
2. 锅中注入适量清水烧开，倒入黄豆芽，拌匀，煮至断生，捞出黄豆芽，沥干水分，放入盘中，待用。
3. 用油起锅，倒入辣椒粉拌匀，加入盐拌匀，关火后加入少许鸡粉拌匀。
4. 盛出味汁，浇在黄豆芽上，点缀上葱花即可。

冬笋拌豆芽

原料

冬笋100克，黄豆芽100克，红椒20克，蒜末、葱花各少许

调料

盐3克，鸡粉2克，芝麻油、辣椒油各2毫升，食用油3毫升

做法

1. 将洗净的冬笋切片，改切成丝。
2. 洗好的红椒切开，去籽，切成丝。
3. 锅中注水烧开，加入少许食用油、盐，倒入冬笋，煮1分钟。
4. 倒入黄豆芽，搅拌匀，再煮1分钟至其断生。
5. 放入红椒，煮片刻至食材熟透，把煮熟的食材捞出，装入碗中。
6. 加入盐、鸡粉，放入蒜末、葱花。
7. 淋入少许芝麻油、辣椒油，拌匀。
8. 将拌好的食材盛出，装盘即可。

凉拌黄豆芽

原料

黄豆芽100克，芹菜80克，胡萝卜90克，白芝麻、蒜末各少许

调料

盐、白糖各4克，鸡粉2克，芝麻油2毫升，陈醋、食用油各适量

做法

1. 洗净去皮的胡萝卜切丝；择洗干净的芹菜切成段；洗好的金针菇去蒂。
2. 锅中注水烧开，放入3克盐、食用油，倒入胡萝卜，煮半分钟。
3. 放入洗净的黄豆芽，倒入芹菜段，搅拌均匀，再煮半分钟，把焯好的食材捞出，沥干水分，备用。
4. 将焯过水的食材装入碗中，加入适量盐、鸡粉，撒入备好的蒜末，放入白糖、陈醋、芝麻油，搅拌均匀后继续搅拌一会儿，至食材入味。
5. 将拌好的食材装入盘中，撒上白芝麻即可。

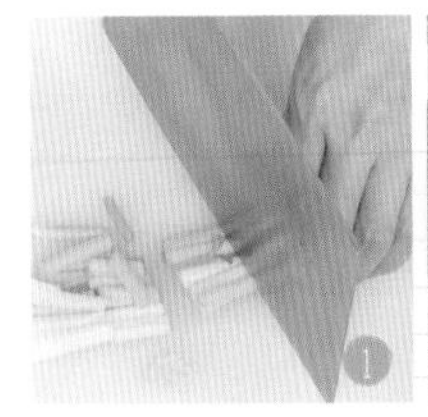

凉拌豌豆苗

原料

豌豆苗200克，彩椒40克，枸杞10克，蒜末少许

调料

盐、鸡粉各2克，芝麻油2毫升，食用油适量

做法

1. 洗好的彩椒切成丝，备用。
2. 锅中注水烧开，放入食用油、枸杞、豌豆苗，煮半分钟至断生，捞出，沥干水。
3. 装碗，放入蒜末、彩椒丝、盐、鸡粉，淋入少许芝麻油，用筷子搅拌匀。
4. 将拌好的食材盛出，装入盘中即可。

凉拌卤豆腐皮

原料

豆腐皮230克，黄瓜60克，卤水350毫升

调料

芝麻油适量

做法

1. 洗净的豆腐皮切细丝；洗好的黄瓜切片，改切成丝。
2. 锅中倒入卤水，放入豆腐皮拌匀，大火烧开后转小火卤至熟。
3. 将卤好的材料倒入碗中，放凉后滤去卤水。
4. 将豆腐皮装碗，倒入黄瓜，淋上芝麻油，拌匀，装入用黄瓜装饰的盘中即可。

紫甘蓝拌千张丝

原料

紫甘蓝200克，千张180克，蒜末、葱花各少许

调料

盐、鸡粉各3克，生抽4毫升，陈醋3毫升，芝麻油2毫升

做法

1. 洗好的千张切成丝。
2. 洗净的紫甘蓝切成丝。
3. 锅中注入适量清水烧开，加入少许盐。
4. 倒入切好的紫甘蓝，拌匀，煮半分钟。
5. 放入千张丝，再煮半分钟。
6. 捞出煮好的紫甘蓝和千张丝，放入碗中，撒上蒜末、葱花，加入适量盐、鸡粉、生抽、陈醋，拌匀。
7. 倒入少许芝麻油，搅拌片刻。
8. 盛出拌好的食材，装入盘中即可。

黄瓜拌豆腐皮

原料

黄瓜120克，豆腐皮150克，红椒25克，蒜末、葱花各少许

调料

盐3克，鸡粉2克，生抽4毫升，陈醋6毫升，芝麻油、食用油各适量

做法

1. 将洗净的黄瓜切片，再切成细丝；洗好的红椒切成丝；洗净的豆腐皮切开，再切成细丝；把切好的食材分别放在盘中，待用。
2. 锅中注水烧开，放入食用油、盐，倒入豆腐皮，煮约1分钟，放入红椒丝，煮约半分钟，至全部食材熟透后捞出，沥干水分，待用。
3. 将焯好的食材放在碗中，再倒入黄瓜丝，放入蒜末、葱花。
4. 加入盐、生抽、鸡粉、陈醋、芝麻油，拌约1分钟，至食材入味。
5. 取一个干净的盘子，放入拌好的食材，摆好即成。

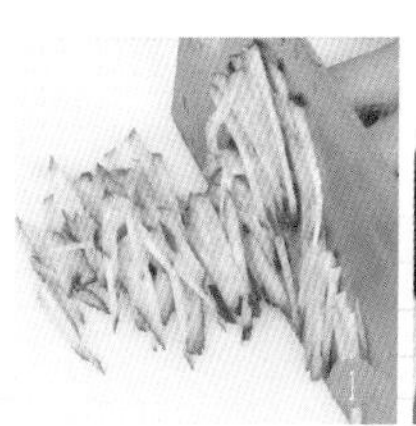

油盐豆腐

 原料

嫩豆腐270克，花椒10克，白芝麻、彩椒粒、香菜各少许

调料

盐2克，白糖3克，鸡粉1克，芝麻油3毫升，食用油适量

做法

1. 将洗好的豆腐切开，再切成小方块。
2. 锅中注入适量清水烧开，倒入豆腐块，煮约半分钟，把焯过水的豆腐捞出，放入盘中。
3. 撒上少许盐，腌渍约5分钟，将腌好的豆腐沥干水分，待用。
4. 取一个小碗，加入盐、白糖、鸡粉、芝麻油，搅拌均匀，调成味汁。
5. 用油起锅，倒入花椒，炸出香味，捞出花椒，留油待用。
6. 把味汁浇在豆腐块上。
7. 撒上少许白芝麻，浇上适量热油。
8. 放上彩椒粒、香菜做装饰即成。

小贴士

豆腐可先用淡盐水浸泡一会儿，这样就不容易煮碎了。

玉米拌豆腐

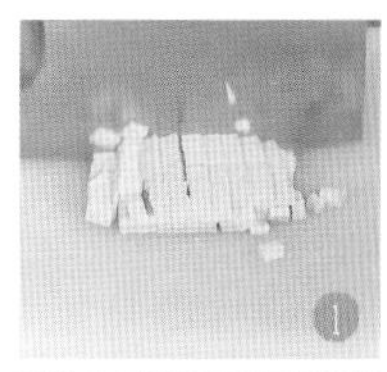

原料

玉米粒150克，豆腐200克

调料

白糖3克

做法

1. 洗净的豆腐，切厚片，切粗条，改切成丁。
2. 蒸锅注入适量清水烧开，放入装有玉米粒和豆腐丁的盘子。
3. 加盖，用大火蒸至熟透，揭盖，关火后取出蒸好的食材。
4. 备一盘，放入蒸熟的玉米粒、豆腐，趁热撒上白糖即可食用。

芝麻魔芋拌豆腐

原料

老豆腐100克，魔芋150克，小白菜70克，水发木耳80克，胡萝卜90克，白芝麻10克，蒜末、葱花各少许

调料

胡椒粉、盐、鸡粉各2克，白糖3克，生抽、陈醋、芝麻油、食用油各适量

做法

1. 择洗好的小白菜切成段；魔芋切厚片，改切成条。
2. 洗净去皮的胡萝卜切片，切成条；用刀将豆腐压成泥状。
3. 锅中注水烧开，加入食用油、木耳、胡萝卜，搅匀煮沸。
4. 再加入小白菜、魔芋，略煮片刻。
5. 将煮好的食材盛出，装入碗中。
6. 把豆腐泥倒入碗中，倒入氽煮过的食材，淋入陈醋、芝麻油。
7. 再加入胡椒粉、盐、鸡粉、白糖、生抽、蒜末、葱花，搅拌均匀。
8. 将拌好的食材装入碗中，撒上白芝麻即可。

萝卜缨拌豆腐

原料

萝卜缨100克，豆腐200克，水发花生米100克，蒜末少许

调料

盐3克，鸡粉2克，生抽3毫升，陈醋5毫升，芝麻油2毫升，食用油适量

做法

1. 豆腐洗净切块；萝卜缨洗净切碎。
2. 锅中注水烧开，加入盐、食用油、萝卜缨、豆腐搅拌匀，煮半分钟，捞出。
3. 另起锅注水，加盐、花生米，焯水捞出，倒入盛有萝卜缨、豆腐的碗中。
4. 倒入蒜末、剩余调料拌匀调味即可。

葱丝拌熏干

原料

熏干180克，大葱70克，红椒15克

调料

盐、鸡粉、白糖各2克，陈醋6毫升，食用油适量

做法

1. 洗净的大葱切成细丝；熏干切粗丝；洗好的红椒去籽，切细丝。
2. 锅中注水烧开，倒入熏干，用大火煮至断生，捞出。
3. 将葱丝放入盘中，放上熏干，摆放好。
4. 用油起锅，倒入红椒，炒匀炒香，加入适量盐、白糖、陈醋、鸡粉拌匀，调成味汁，浇在熏干上即成。

豌豆苗拌香干

原料

豌豆苗90克，香干150克，彩椒40克，蒜末少许

调料

盐、鸡粉各3克，生抽4毫升，芝麻油2毫升，食用油适量

做法

1. 香干切成条；洗好的彩椒切成条。
2. 锅中注水烧开，注油，加盐、鸡粉、香干、彩椒拌匀，加豌豆苗煮断生，捞出。
3. 将焯煮好的食材装入碗中。
4. 放入蒜末、生抽、鸡粉、盐、芝麻油搅拌均匀，装入盘中即可。

芹菜拌豆腐干

原料

芹菜85克，豆腐干100克，彩椒80克，蒜末少许

调料

盐3克，鸡粉2克，生抽4毫升，芝麻油2毫升，陈醋5毫升，食用油适量

做法

1. 洗好的豆腐干切条；洗净的芹菜切成段；洗好的彩椒切条。
2. 锅中注水烧开，加盐、食用油、豆腐干煮沸，放芹菜、彩椒煮片刻，捞出。
3. 装碗，放入蒜末、鸡粉、盐、生抽。
4. 放入芝麻油、陈醋拌匀，装盘即可。

海带拌腐竹

原料

水发海带120克，胡萝卜25克，水发腐竹100克

调料

盐2克，鸡粉少许，生抽4毫升，陈醋7毫升，芝麻油适量

做法

1. 将洗净的腐竹切段；洗好的海带切细丝。
2. 洗净去皮的胡萝卜切片，改切成丝，备用。
3. 锅中注水烧开，放入腐竹段，煮至断生后捞出，沥干水分。
4. 沸水锅中再倒入海带丝，中火煮约2分钟至熟透，捞出，沥干水分。
5. 取一个大碗，倒入焯过水的腐竹段和海带丝，再撒上胡萝卜丝，拌匀。
6. 加入少许盐、鸡粉，淋入适量生抽、陈醋，倒入少许芝麻油。
7. 匀速地搅拌一会儿，至食材入味。
8. 将拌好的菜肴盛入盘中即成。

黑木耳腐竹拌黄瓜

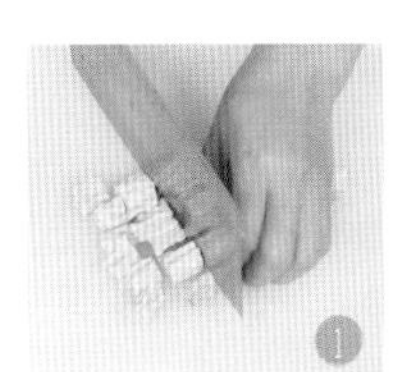

原料

水发黑木耳40克，水发腐竹80克，黄瓜100克，彩椒50克，蒜末少许

调料

盐3克，鸡粉少许，生抽、陈醋各4毫升，芝麻油2毫升，食用油适量

做法

1. 泡发好的腐竹切段；洗好的彩椒切小块；洗净的黄瓜切片；洗好的黑木耳切小块。
2. 锅中注水烧开，放入盐、食用油、黑木耳搅匀，煮至沸，加入腐竹拌匀，煮至沸，再煮1分钟。
3. 倒入彩椒、黄瓜，略煮片刻，捞出食材。
4. 装碗，放入蒜末、盐、鸡粉、生抽、陈醋、芝麻油，拌匀至入味，取出，装入盘中即可。

彩椒拌腐竹

原料

水发腐竹200克，彩椒70克，蒜末、葱花各少许

调料

盐3克，生抽、芝麻油各2毫升，鸡粉2克，辣椒油3毫升，食用油适量

做法

1. 洗净的彩椒切成丝，备用。
2. 锅中注入适量清水烧开，加入少许食用油、盐，倒入洗好的腐竹搅匀，煮至沸。
3. 放入切好的彩椒，搅匀，煮1分30秒，至食材熟透。
4. 捞出焯煮好的腐竹和彩椒，放入碗中，备用。
5. 放入备好的蒜末、葱花。
6. 加入适量盐、生抽、鸡粉、芝麻油，用筷子搅拌匀。
7. 淋入辣椒油拌匀，至食材入味。
8. 盛出拌好的食材，装入盘中即可。

小贴士

腐竹宜用温水泡发，不能用热水，否则腐竹会碎掉，影响菜肴美观。

芹菜胡萝卜拌腐竹

原料

芹菜85克，胡萝卜60克，水发腐竹140克

调料

盐、鸡粉各2克，胡椒粉1克，芝麻油4毫升

做法

1. 洗好的芹菜切成长段。
2. 洗净去皮的胡萝卜切片，再切丝。
3. 洗好的腐竹切段，备用。
4. 锅中注水烧开，倒入芹菜、胡萝卜，拌匀，用大火略煮片刻。
5. 放入腐竹，拌匀，煮至食材断生，捞出焯煮好的食材，沥干水分，待用。
6. 取一个大碗，倒入焯过水的食材。
7. 加入盐、鸡粉、胡椒粉、芝麻油，拌匀至食材入味。
8. 将拌好的菜肴装入盘中即可。

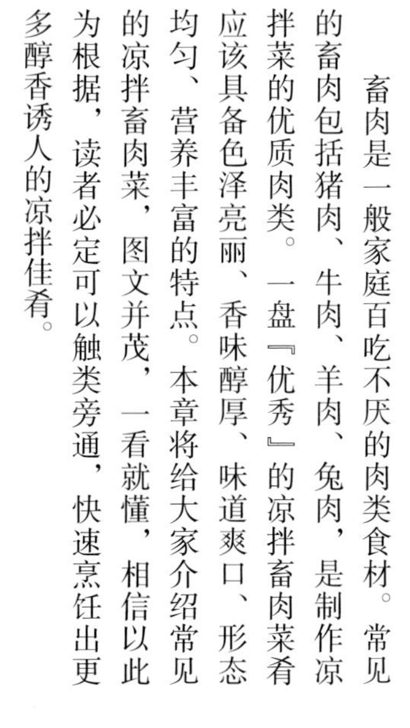

Part 4 营养凉拌畜肉

畜肉是一般家庭百吃不厌的肉类食材。常见的畜肉包括猪肉、牛肉、羊肉、兔肉，是制作凉拌菜的优质肉类。一盘『优秀』的凉拌畜肉菜肴应该具备色泽亮丽、香味醇厚、味道爽口、形态均匀、营养丰富的特点。本章将给大家介绍常见的凉拌畜肉菜，图文并茂，一看就懂，相信以此为根据，读者必定可以触类旁通，快速烹饪出更多醇香诱人的凉拌佳肴。

香辣肉丝白菜

原料

猪瘦肉60克，白菜85克，香菜20克，姜丝、葱丝各少许

调料

盐、鸡粉各2克，生抽3毫升，白醋6毫升，芝麻油7毫升，料酒4毫升，食用油适量

做法

1. 洗净的白菜切粗丝；洗好的香菜切段；洗净的猪瘦肉切细丝。
2. 取一个大碗，放入白菜，待用。
3. 用油起锅，倒入肉丝，炒至变色。
4. 倒入姜丝、葱丝，爆香。
5. 加入料酒、盐、生抽，炒匀炒香。
6. 关火后盛出炒好的食材，装入碗中。
7. 将碗中的食材拌匀，再倒入香菜。
8. 加入盐、鸡粉、白醋、芝麻油，拌至入味，盛入盘中即可。

肉末胡萝卜拌豆腐

原料

肉末90克，豆腐200克，胡萝卜50克，鸡蛋1个，香菜、洋葱各少许

调料

盐、鸡粉各4克，芝麻油2毫升，料酒10毫升，生抽16毫升，水淀粉5毫升，食用油适量

做法

1. 去皮洗净的洋葱切粒；胡萝卜洗净切粒；洗好的香菜切粒；豆腐洗净切小方块；鸡蛋打开，取蛋清。
2. 沸水锅中加豆腐块、盐、鸡粉、食用油、胡萝卜，煮至断生，捞出。
3. 起油锅，倒蛋清炒至凝固，盛出；洋葱入锅炒香，倒入肉末炒至松散。
4. 放入料酒、生抽、清水、盐、鸡粉、水淀粉炒匀，盛出肉末装碗。
5. 加豆腐、胡萝卜、香菜、蛋清、生抽、盐、鸡粉、芝麻油拌匀即可。

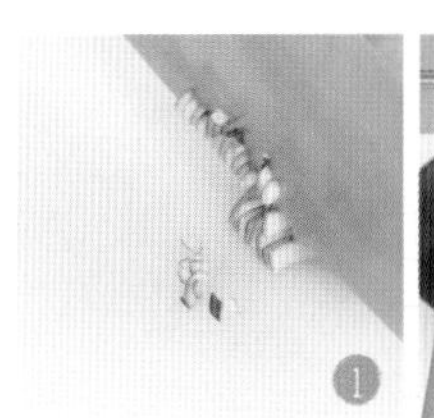

酸辣肉片

 原料

猪瘦肉270克，水发花生米125克，青椒25克，红椒30克，桂皮、丁香、八角、香叶、沙姜、草果、姜块、葱条各少许

调料

料酒6毫升，生抽12毫升，老抽5毫升，盐、鸡粉各3克，陈醋20毫升，芝麻油8毫升，食用油适量

做法

1. 砂锅中注水烧热，倒入姜块、葱条、桂皮、丁香、八角、香叶、沙姜、草果，制成卤水。
2. 放入猪瘦肉，加入适量料酒、生抽、老抽，加入盐、鸡粉。
3. 盖上盖，烧开后用小火煮至食材熟透。
4. 关火后揭开盖，捞出瘦肉，放凉待用。
5. 热锅注油，倒入沥干水分的花生米，小火浸炸约2分钟，捞出。
6. 洗好的红椒切圈；洗净的青椒切圈；放凉的瘦肉切厚片。
7. 碗中放入陈醋、卤水、盐、鸡粉、芝麻油、红椒、青椒，拌匀，腌渍一会儿，制成味汁。
8. 将肉片装入碗中，摆放好，加入炸熟的花生米，淋上做好的味汁即可。

小贴士

炸花生米时要不断翻动，以使其受热均匀，避免炸煳。

土豆泥拌茄子

原料

茄子100克，熟土豆80克，肉末90克，蒜末、葱花各少许

调料

盐、鸡粉各2克，料酒10毫升，生抽13毫升，芝麻油3毫升，食用油适量

做法

1. 茄子洗净去皮，切条；将熟土豆压成泥状。
2. 茄子装盘，入烧开的蒸锅中，中火蒸至熟，取出。
3. 用油起锅，爆香蒜末，倒入肉末炒至松散，放入料酒、生抽、土豆泥、清水、盐、鸡粉，炒匀，盛出。
4. 将茄子倒入碗中，放入炒好的食材，撒上葱花，加入生抽、芝麻油拌匀，装盘即可。

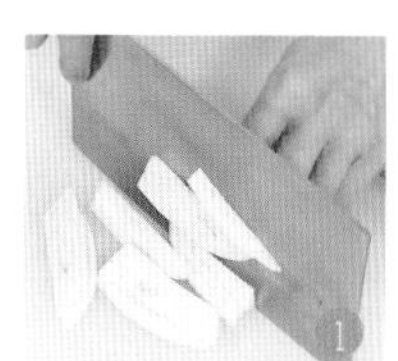

苦菊拌肉丝

原料

苦菊200克，猪瘦肉100克，熟花生米90克，彩椒45克，蒜末、葱花各少许

调料

盐、鸡粉各3克，甜面酱10克，料酒5毫升，陈醋12毫升，水淀粉、芝麻油、食用油各适量

做法

1. 彩椒洗净切小块；苦菊洗净切段；猪瘦肉洗净切丝。
2. 肉丝装碗，加盐、鸡粉、水淀粉、食用油，腌渍一会儿至入味。
3. 锅中注水烧开，加入食用油，放入彩椒块，煮约半分钟至断生，捞出。
4. 沸水锅中再倒入苦菊，拌匀，略煮一会儿至其变软后捞出。
5. 起油锅，倒肉丝炒至变色，加料酒、盐、鸡粉、甜面酱，炒至熟盛出。
6. 苦菊装碗，倒入彩椒块，放入肉丝、蒜末，加入少许盐、鸡粉。
7. 淋入陈醋，拌匀，撒上葱花，拌匀，倒入少许芝麻油，拌至入味。
8. 取一个干净的盘子，盛入拌好的菜肴，撒上熟花生米，摆好即成。

蒜泥三丝

原料

火腿120克，水发腐竹80克，红椒20克，香菜15克，蒜末少许

调料

盐、鸡粉各2克，生抽4毫升，芝麻油8毫升，食用油适量

做法

1. 洗好的红椒切成细丝；洗净的腐竹切成粗丝；将火腿切成片，再切成粗条。
2. 锅中注入适量清水烧开，加入少许食用油。
3. 倒入腐竹、红椒，拌匀，煮至全部食材断生，捞出，沥干水分。
4. 取一个大碗，倒入腐竹、红椒，加入少许盐。
5. 拌匀，腌渍至入味。
6. 放入香菜、火腿，撒上蒜末。
7. 加入鸡粉、生抽、芝麻油，拌匀，至食材入味。
8. 将拌好的菜肴盛入盘中即成。

小贴士

腐竹可用温水泡发，能节省泡发的时间。

黄瓜里脊片

原料

黄瓜160克，猪瘦肉100克，红椒圈少许

调料

鸡粉、盐各2克，生抽4毫升，芝麻油3毫升，鲜汤、料酒各适量

做法

1. 洗好的黄瓜切开，去瓤，用斜刀切块。
2. 洗净的猪瘦肉切开，再切薄片。
3. 锅中注入适量清水烧开，倒入肉片，淋入少许料酒，拌匀，煮至变色。
4. 捞出肉片，沥干水分，待用。
5. 取一碗，注入少许鲜汤，加入鸡粉、盐、生抽，拌匀。
6. 淋入少许芝麻油，调成味汁，待用。
7. 另取一盘，放入黄瓜，摆放整齐，放入猪瘦肉，叠放整齐。
8. 浇上味汁，摆好红椒圈即成。

老醋泡肉

原料

瘦肉300克，白芝麻6克，蒜末、葱花各10克，花生米25克，青椒、红椒各15克

调料

盐、鸡粉各3克，白糖少许，生抽3毫升，陈醋15毫升，芝麻油、料酒、食用油各适量

做法

1. 青、红椒分别洗净去蒂，切开去籽，再切成圈。
2. 锅中倒水，加生抽、盐、鸡粉、瘦肉、料酒，煮至熟，捞出切片。
3. 热锅注油，放入花生米，小火炸至呈米黄色，红衣裂开，捞出。
4. 肉片装碗，加入青椒、红椒、蒜末、葱花、花生米、陈醋、盐、鸡粉。
5. 加入白糖、生抽、煮肉的汤汁、芝麻油，拌匀，装盘撒上白芝麻即可。

Hennessy

蒜泥白肉

原料

五花肉300克，蒜泥30克，葱条、姜片、葱花各适量

调料

盐3克，料酒、味精、辣椒油、酱油、芝麻油、花椒油各少许

做法

1. 锅中注入适量清水烧热，放入五花肉、葱条、姜片。
2. 淋上少许料酒提鲜。
3. 盖上盖，用大火煮一会儿至食材熟透。
4. 关火，在原汁中浸泡一会儿。
5. 把蒜泥装入备好的碗中。
6. 再倒入盐、味精、辣椒油、酱油、芝麻油、花椒油，拌制成味汁，待用。
7. 取出五花肉，切成厚度均匀的薄片，再摆入盘中码好。
8. 浇入拌好的味汁，撒上葱花即成。

小贴士

五花肉煮至皮软后，关火，浸泡一会儿，会更易入味。

泡椒腰花

原料

猪腰300克，泡椒35克，红椒圈、蒜末、姜末各少许

调料

盐3克，味精2克，料酒、辣椒油、花椒油、生粉各适量

做法

1. 泡椒洗净切碎；猪腰洗净去筋，切花刀后改切片，加料酒、盐、味精、生粉腌渍。
2. 锅中加水烧开，倒入腰花煮约1分钟至熟，捞出装碗。
3. 加入盐、味精、泡椒、红椒圈、蒜末、姜末、辣椒油、花椒油拌匀即可。

酸辣腰花

原料

猪腰200克，蒜末、青椒末、红椒末、葱花各少许

调料

盐5克，味精2克，料酒、辣椒油、陈醋、白糖、生粉各适量

做法

1. 猪腰洗净去筋膜，切花刀，改切片，装碗，加料酒、味精、盐、生粉腌渍至入味。
2. 沸水锅中倒入腰花，煮熟，捞出装碗。
3. 碗中加入盐、味精、辣椒油、陈醋。
4. 加白糖、蒜末、葱花、青椒末、红椒末，拌匀，装盘即可。

『老干妈』拌猪肝

原料

卤猪肝100克，红椒10克，葱花少许

调料

盐3克，味精2克，“老干妈”辣椒酱10克，生抽、辣椒油各适量

做法

1. 将卤猪肝切薄片，装碗；红椒洗净切开，去籽切丝。
2. 在装有猪肝的碗中加入红椒丝，倒入“老干妈”辣椒酱。
3. 撒上少许葱花，加入少许盐、味精、生抽，拌匀。
4. 淋入少许辣椒油，用筷子充分拌匀。
5. 将拌好的猪肝装入盘中即成。

辣拌肠头

原料

卤肠头250克，红椒15克，香菜10克，蒜末少许

调料

盐3克，鸡粉少许，芝麻油、辣椒油各适量

做法

1. 将洗净的香菜切成粒。
2. 洗净的红椒切成圈。
3. 卤肠头切成小段，装入碗中。
4. 碗中放入蒜末。
5. 再倒入切好的红椒、香菜。
6. 加入盐、鸡粉，淋入少许辣椒油。
7. 再倒入芝麻油，拌匀至食材入味。
8. 盛出拌好的食材，装入盘中即可。

红油肥肠

原料

熟肥肠200克，朝天椒5克，蒜末、葱花各少许

调料

盐3克，鸡粉少许，料酒3毫升，辣椒油适量

做法

1. 洗净的朝天椒切圈；肥肠切小块。
2. 锅中倒水，大火烧开，加入料酒，倒入肥肠，煮约1分钟，捞出。
3. 将肥肠倒入碗中，加入朝天椒、葱花、蒜末，放入适量盐、鸡粉、辣椒油。
4. 拌匀至入味，盛出装盘即可。

香干拌猪耳

原料

香干300克，卤猪耳150克，香菜10克，红椒丝、蒜末各少许

调料

盐3克，鸡粉2克，生抽、辣椒油、芝麻油、食用油各适量

做法

1. 香菜洗净切段；香干洗净切条；卤猪耳切片；香干入沸水锅中，加盐、食用油，煮2分钟至熟，捞出装碗。
2. 碗中加盐、鸡粉、生抽，拌至入味。
3. 放入猪耳、蒜末、香菜、辣椒油、红椒丝、芝麻油，拌至入味，装盘摆好即可。

葱油猪肚

原料

猪肚300克，姜片、花生米、香菜各30克，桂皮15克，八角20克，红葱头60克，红椒、香叶各10克

调料

盐3克，鸡粉2克，蒸鱼豉油10毫升，芝麻油、料酒、生抽、食用油各适量

做法

1. 锅中倒水烧热，放入姜片、桂皮、八角、香叶、洗净的猪肚。
2. 加入盐、鸡粉、料酒、生抽，盖盖，煮沸后转用小火煮至熟，捞出。
3. 香菜洗净切段；红椒洗净切圈；去皮洗净的红葱头切小片。
4. 把放凉后的猪肚分开成大块，改切成细丝，装在碟子中，待用。
5. 热锅注油，倒入洗净的花生米，炸至红衣裂开，呈深红色，捞出。
6. 红葱头放入油锅中，炸香，制成葱油；花生米和葱油分别装碗。
7. 大碗中加猪肚、红椒、香菜、盐、鸡粉、花生米、红葱头、葱油。
8. 放少许蒸鱼豉油和芝麻油，拌约1分钟至入味，盛盘摆好即成。

香葱红油拌肚条

原料

葱段30克，熟猪肚300克

调料

盐、白糖各2克，鸡粉3克，生抽、芝麻油、辣椒油各5毫升

做法

1. 熟猪肚切成粗条，待用。
2. 取一个碗，放入切好的猪肚条、葱段。
3. 加入盐、鸡粉、生抽、白糖，再淋入芝麻油、辣椒油。
4. 用筷子充分搅拌均匀，使其入味。
5. 将拌好的猪肚条装入盘中即可。

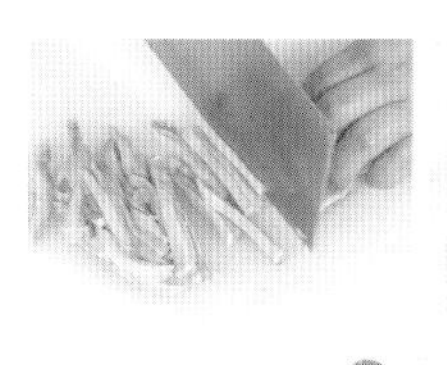

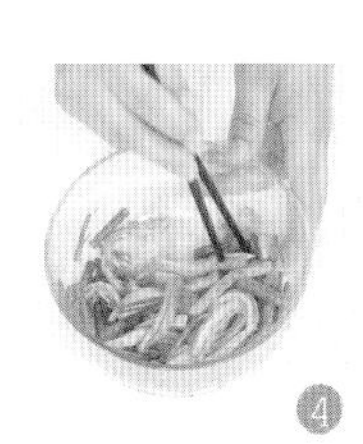

凉拌猪肚丝

原料

洋葱150克，黄瓜70克，猪肚300克，沙姜、草果、八角、桂皮、姜片、蒜末、葱花各少许

调料

盐、白糖各3克，鸡粉、胡椒粉各2克，芝麻油5毫升，辣椒油、生抽各4毫升，陈醋3毫升

做法

1. 洋葱洗净切丝；黄瓜洗净切细丝。
2. 锅中注入适量清水烧开，倒入洋葱，搅拌匀，煮至断生，捞出。
3. 砂锅中注水，大火烧热，放入沙姜、草果、八角、桂皮、姜片。
4. 放入洗好的猪肚，加入少许盐、生抽，盖上锅盖，烧开后用小火卤至熟。
5. 揭开锅盖，捞出猪肚，放凉后切成细丝，待用。
6. 取一个大碗，倒入猪肚丝，放入部分黄瓜丝。
7. 加入少许盐、白糖、鸡粉、生抽、芝麻油、辣椒油、胡椒粉、陈醋，撒上蒜末，拌至入味。
8. 取一个盘子，铺上剩余的黄瓜丝，放入洋葱丝，盛出拌好的材料，点缀上葱花即可。

小贴士

猪肚一定要将内部的油脂跟筋膜去除，不然会影响味道。

炝拌牛肉丝

原料

卤牛肉100克，莴笋100克，红椒15克，白芝麻3克，蒜末少许

调料

盐3克，鸡粉2克，生抽8毫升，花椒油、芝麻油、食用油各适量

做法

1. 将卤牛肉切成片，再切成丝。
2. 去皮洗净的莴笋切成4厘米长的段，切成片，再切成丝。
3. 洗净的红椒切成4厘米长的段，对半切开，去籽切丝，再改切粒。
4. 锅中倒入适量清水烧开，加入少许食用油、盐。
5. 倒入莴笋，煮约1分钟至熟，捞出。
6. 取一个干净的碗，倒入牛肉丝、莴笋，放入蒜末、红椒粒。
7. 加入少许鸡粉、盐、生抽，淋入少许花椒油、芝麻油。
8. 用筷子拌约1分钟至入味，倒入盘中，撒上白芝麻即成。

姜汁牛肉

原料

卤牛肉100克，姜末15克，辣椒粉、葱花各少许

调料

盐3克，生抽6毫升，陈醋7毫升，鸡粉、芝麻油、辣椒油各适量

做法

1. 将卤牛肉切成片，摆入盘中，待用。
2. 取一个干净的碗，倒入姜末、辣椒粉，放入少许葱花。
3. 加入适量盐、陈醋、鸡粉，加入少许生抽、辣椒油。
4. 再倒入少许芝麻油，加入少许开水，用勺子搅拌匀。
5. 将拌好的调味料浇在牛肉片上即可。

凉拌牛肉紫苏叶

原料

牛肉100克，紫苏叶5克，蒜瓣10克，大葱20克，胡萝卜250克，姜片适量

调料

盐、芝麻酱各4克，白酒10毫升，生抽、香醋各8毫升，鸡粉2克，芝麻油3毫升

做法

1. 砂锅中注水烧热，倒入蒜瓣、姜片、牛肉，淋入少许白酒。
2. 加入少许盐、生抽，搅匀调味，盖上锅盖，开中火，煮一会儿至食材熟软。
3. 揭开锅盖，将牛肉捞出，放凉备用。
4. 洗净去皮的胡萝卜切细丝；放凉的牛肉切丝。
5. 洗好的大葱切成丝，放入凉水中，备用。
6. 洗好的紫苏叶切去梗，再切丝，待用。
7. 取一个碗，放入牛肉丝、胡萝卜丝、大葱丝、紫苏叶丝，加入盐、香醋、鸡粉。
8. 加入芝麻油、芝麻酱，搅拌匀，装入盘中即可。

小贴士

牛肉丝可以切得细一些，这样会更易入味。

辣味牛蹄筋

原料

熟牛蹄筋300克，蒜末、葱花各少许

调料

盐3克，鸡粉2克，生抽6毫升，陈醋、辣椒油各5毫升，芝麻油2毫升

做法

1. 将熟牛蹄筋切成片。
2. 把牛蹄筋装入碗中，加入蒜末、葱花。
3. 再放入适量生抽、盐、鸡粉、陈醋。
4. 然后倒入辣椒油、芝麻油。
5. 拌匀调味，盛出装入盘中即可。

口水牛蹄筋

原料

熟牛蹄筋200克，白芝麻10克，辣椒粉15克，干辣椒5克，蒜末、葱花各少许

调料

盐3克，鸡粉2克，生抽5毫升，辣椒油3毫升，食用油适量

做法

1. 将熟牛蹄筋切成片。
2. 起油锅，炒香干辣椒、蒜末、辣椒粉。
3. 倒入少许清水，炒匀，再加入生抽、盐、鸡粉、辣椒油，炒制成调味料。
4. 牛蹄筋装碗，加入调味料、葱花、白芝麻拌匀，盛出装盘即可。

香菜拌黄喉

原料

熟牛黄喉150克，香菜20克，蒜末10克

调料

盐3克，鸡粉2克，生抽3毫升，陈醋5毫升，辣椒油少许

做法

1. 把熟牛黄喉切开，再切成薄片。
2. 洗净的香菜切成2厘米长的段。
3. 把牛黄喉片放入碗中，倒入香菜，放入蒜末，加入鸡粉、盐。
4. 淋上少许生抽、陈醋，放入辣椒油，拌约1分钟至入味，装盘摆好即可。

红油牛舌

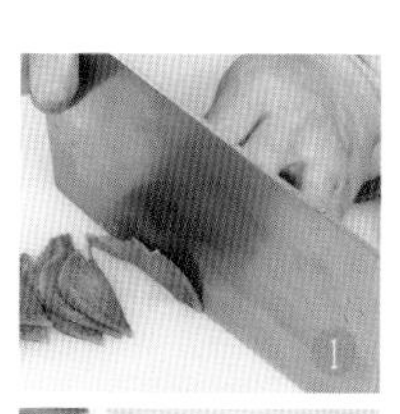

原料

熟牛舌150克，蒜末15克，葱花10克

调料

盐、鸡粉各3克，生抽3毫升，辣椒油少许，芝麻油适量

做法

1. 把熟牛舌切开，再改切成薄片，装在小碟子中待用。
2. 牛舌片放入碗中，加入适量盐、生抽、鸡粉。
3. 再倒入蒜末、葱花，放入少许辣椒油、芝麻油，拌约1分钟至入味。
4. 将拌好的牛舌盛入碗中，摆上装饰即成。

辣拌牛舌

原料

熟牛舌150克，红椒15克，蒜末5克

调料

盐3克，鸡粉2克，辣椒酱少许，生抽3毫升，芝麻油、食用油各适量

做法

1. 把洗净的红椒对半切开，去籽，切成细丝，再改切成粒。
2. 熟牛舌对半切开，斜刀切成薄片，放入碗中。
3. 碗中加入适量盐、鸡粉、辣椒酱，淋入少许生抽。
4. 放入蒜末、红椒，倒入适量芝麻油，拌约1分钟至入味。
5. 加入少许熟油，拌匀，将拌好的牛舌盛入盘中即可。

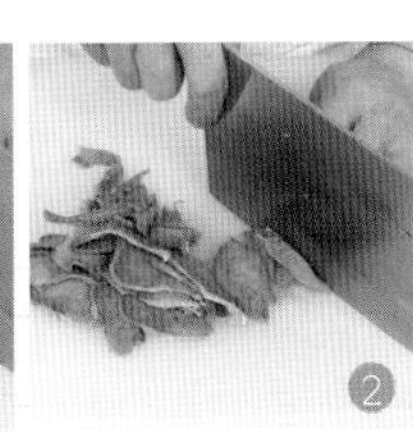

夫妻肺片

原料

熟牛肉80克，熟牛蹄筋150克，熟牛肚150克，青椒、红椒各15克，蒜末、葱花各少许

调料

生抽3毫升，陈醋、辣椒酱、老卤水、辣椒油、芝麻油各适量

做法

1. 牛肉、熟牛蹄筋、牛肚入沸卤水锅中煮一会儿，捞出；青、红椒均洗净去籽，切粒；熟牛蹄筋切块；牛肉切片；牛肚切片。
2. 碗中加入煮过的食材及剩余原材料。
3. 倒入陈醋、生抽、辣椒酱、老卤水、辣椒油、芝麻油，拌匀，盛出装盘即可。

麻辣牛心

原料

熟牛心200克，青椒、红椒各15克，蒜末、葱花各少许

调料

盐2克，鸡粉、芝麻油、花椒油、辣椒油各适量

做法

1. 将洗净的红椒切圈；洗净的青椒切成圈；熟牛心切成薄片。
2. 将牛心倒入碗中，加入蒜末、葱花，再放入青椒圈、红椒圈。
3. 倒入辣椒油、花椒油、芝麻油、盐、鸡粉，拌至入味，装入盘中即可。

麻酱拌牛肚

原料

熟牛肚300克，红椒丝、青椒丝各10克，白芝麻15克，蒜末、姜末、葱花各少许

调料

盐、鸡粉各2克，白糖3克，生抽5毫升，芝麻酱10克，辣椒油少许

做法

1. 取一小碗，放入盐、白糖、鸡粉、生抽，倒入辣椒油，加入芝麻酱，拌匀。
2. 加入蒜末、姜末、葱花，调成味汁。
3. 取一大碗，倒入牛肚，放入青椒丝、红椒丝，拌匀，倒入味汁，撒上白芝麻，拌匀至入味，盛入盘中即可。

米椒拌牛肚

原料

牛肚200克，泡小米椒45克，蒜末、葱花各少许

调料

盐、鸡粉各4克，辣椒油4毫升，料酒10毫升，生抽8毫升，芝麻油、花椒油各2毫升

做法

1. 锅中注水烧开，倒入切好的牛肚，放入料酒、生抽、盐、鸡粉，拌匀。
2. 盖盖，小火煮至熟透，揭盖，捞出。
3. 牛肚装碗，加入泡小米椒、蒜末、葱花。
4. 放入盐、鸡粉、辣椒油、芝麻油、花椒油，拌至入味，装盘即可。

凉拌牛百叶

原料

牛百叶350克，胡萝卜75克，花生碎55克，荷兰豆50克，蒜末20克

调料

盐、鸡粉各2克，白糖4克，生抽4毫升，芝麻油、食用油各少许

做法

1. 洗净去皮的胡萝卜切细丝；洗好的牛百叶切片；洗净的荷兰豆切细丝。
2. 锅中注水烧开，倒入牛百叶，拌匀，煮约1分钟，捞出沥水。
3. 沸水锅中加入适量食用油，拌匀，略煮一会儿。
4. 倒入胡萝卜拌匀，放入荷兰豆拌匀，焯至断生，捞出沥水。
5. 取一盘，盛入部分胡萝卜、荷兰豆垫底，待用。
6. 取一碗，倒入牛百叶，放入余下的胡萝卜、荷兰豆。
7. 加入盐、白糖、鸡粉，撒上蒜末，淋入生抽、芝麻油，拌匀。
8. 加入花生碎，拌至入味，盛入盘中，摆好即可。

芥末牛百叶

原料

牛百叶300克，芥末糊30克，红椒10克，香菜少许

调料

盐、鸡粉各1克，食用油10毫升

做法

1. 洗净的红椒切细丝；洗好的牛百叶切粗条。
2. 锅中注水烧开，倒入牛百叶、红椒，拌匀，煮至熟，捞出沥水。
3. 取一个大碗，倒入牛百叶、红椒，撒上香菜。
4. 加入盐、鸡粉、食用油，倒入芥末糊，拌匀，至食材入味。
5. 将拌好的食材盛入盘中即可。

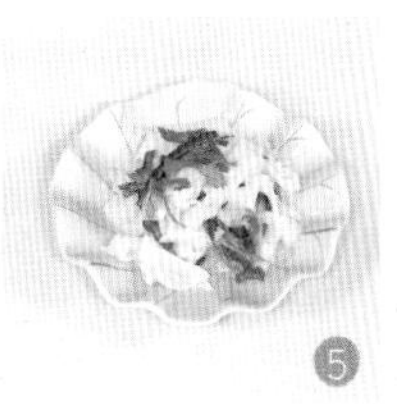

辣拌羊肉

原料

卤羊肉200克，红椒15克，蒜末、葱花各少许

调料

盐2克，鸡粉、生抽、陈醋、芝麻油、辣椒油各适量

做法

1. 把洗净的红椒切成小段，切开去籽，改切丁；卤羊肉切薄片。
2. 取一干净的小碗，倒入红椒、蒜末、葱花。
3. 放入辣椒油、芝麻油、盐、鸡粉、生抽、陈醋，拌约半分钟，调制成味汁。
4. 羊肉片盛放在盘中，摆放整齐，再均匀地浇上调好的味汁，摆好盘即成。

凉拌羊肉

原料

卤羊肉200克，香菜10克，红椒圈、蒜末各少许

调料

盐2克，鸡粉、陈醋、生抽、辣椒油、芝麻油各适量

做法

1. 香菜洗净切小段；卤羊肉切薄片，装碗。
2. 碗中倒入蒜末、红椒圈、香菜，淋上少许陈醋、生抽。
3. 加入盐、鸡粉、辣椒油，拌至入味。
4. 再倒上少许芝麻油，拌至入味，盛入盘中，摆好即成。

姜汁羊肉

原料

卤羊肉150克，生姜20克，葱花少许

调料

盐2克，鸡粉、陈醋各适量

做法

1. 把去皮洗净的生姜切小块，拍破，剁成细末；卤羊肉切成薄片。
2. 将姜末放入小碟子中，倒入少许开水，浸泡一小会儿。
3. 再加入盐、鸡粉，放入陈醋，拌匀，调制成姜汁。
4. 把羊肉片放在盘中，摆放好，浇上拌好的姜汁，再撒上葱花即成。

芹菜拌羊肚

原料

羊肚300克，芹菜60克，红椒10克

调料

盐6克，鸡粉2克，料酒、生抽、陈醋、辣椒油、芝麻油、食用油各适量

做法

1. 洗净的芹菜切3厘米长的段；洗净的红椒切丝；洗净的羊肚切细丝。
2. 锅置火上，倒入适量清水，大火烧开，淋上料酒，加入鸡粉、盐。
3. 再倒入羊肚，放少许食用油，搅拌匀，增亮提味，续煮约2分钟。
4. 倒入切好的芹菜、红椒，再煮约半分钟至食材熟透，捞出沥水。
5. 把焯煮的食材倒入碗中。
6. 碗中加入盐、生抽、陈醋、鸡粉。
7. 淋上少许辣椒油、芝麻油，拌约1分钟至入味。
8. 将拌好的食材盛出装盘即可。

葱油拌羊肚

原料

熟羊肚400克，大葱50克，蒜末少许

调料

盐2克，生抽、陈醋各4毫升，葱油、辣椒油各适量

做法

1. 将洗净的大葱切开，切成丝。
2. 洗净的羊肚切块，切细条。
3. 锅中注水烧开，放入羊肚条煮至沸，捞出，沥干水分。
4. 将羊肚条倒入碗中，加入大葱、蒜末。
5. 放盐、生抽、陈醋、葱油、辣椒油，拌匀，装盘即可。

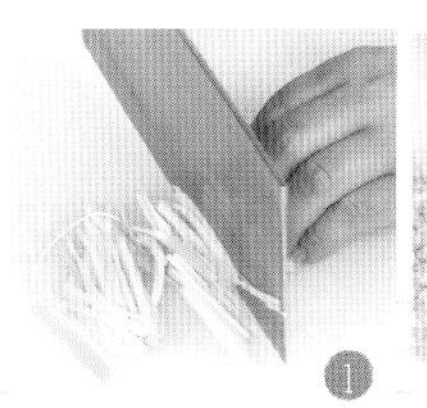

凉拌羊肚

原料

羊肚150克，香菜10克，红椒15克，蒜末少许

调料

盐6克，鸡粉2克，味精、料酒、芝麻油、辣椒油、生抽、陈醋、食用油各适量

做法

1. 洗净的香菜切小段；洗净的红椒切圈；洗净的羊肚切细丝。
2. 将切好的食材装在盘中，待用。
3. 锅中注水烧开，加入鸡粉、盐、味精，淋上少许料酒，倒入羊肚，煮沸后放少许食用油，拌匀，煮约3分钟至羊肚熟透，捞出。
4. 取一干净的碗，倒入羊肚、香菜、红椒、蒜末。
5. 放入陈醋、生抽、盐、鸡粉、芝麻油、辣椒油，拌至入味，装盘即可。

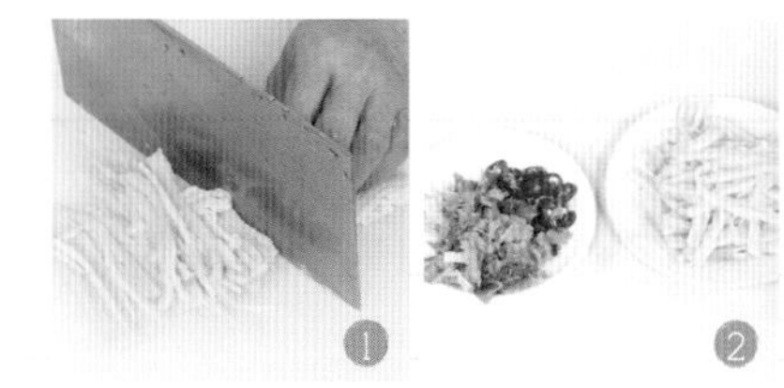

红油兔丁

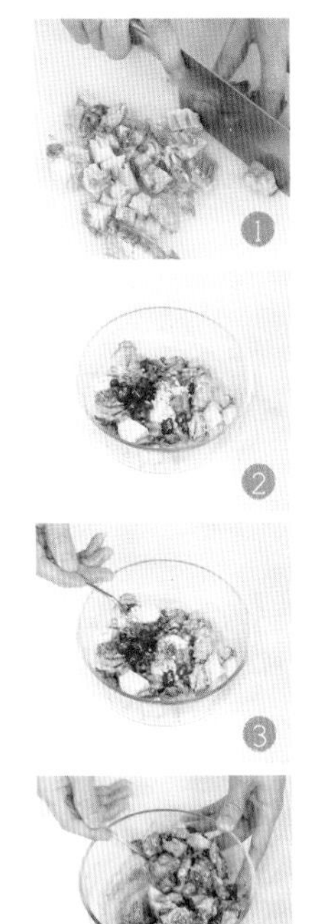

原料

熟兔肉500克，红椒15克，蒜末、葱花各少许

调料

盐2克，鸡粉、生抽、辣椒油各适量

做法

1. 把兔肉斩成块，再斩成丁，待用；洗净的红椒切成圈，待用。
2. 将兔肉装入备好的碗中，加入红椒，淋入蒜末、葱花。
3. 倒入少许辣椒油，加入适量盐、鸡粉、生抽。
4. 用勺子拌匀至食材入味，将拌好的兔丁装入盘中即可。

香辣兔肉丝

原料

熟兔肉300克，青椒、红椒各17克，蒜末、葱花各少许

调料

盐3克，生抽3毫升，鸡粉、辣椒油、食用油各适量

做法

1. 将洗净的青椒切开，去籽，再切成丝。
2. 洗净的红椒切开，去籽，改切成丝。
3. 用刀将兔肉的骨头剔除，再将兔肉切成丝。
4. 用油起锅，倒入蒜末、青椒丝、红椒丝，炒香，加入适量生抽、辣椒油，炒匀调味。
5. 再加入少许鸡粉、盐，拌匀，制成味汁，待用。
6. 把兔肉丝倒入碗中，放入炒制好的味汁，拌匀。
7. 撒入少许葱花，用筷子拌匀至入味。
8. 把拌好的兔肉装入盘中即可。

小贴士

辣椒油可依个人口味添加，但不宜太多，以免掩盖兔肉本身的鲜味。

葱香拌兔丝

原料

兔肉300克，彩椒50克，葱条20克，蒜末少许

调料

盐、鸡粉各3克，生抽4毫升，陈醋8毫升，芝麻油少许

做法

1. 将洗净的彩椒切成丝；洗好的葱条切小段。
2. 锅中注入适量清水烧开，倒入洗净的兔肉。
3. 盖上盖，用中火煮至食材熟透。
4. 关火后捞出，沥干水分，放凉后切成肉丝。
5. 把肉丝装入碗中，倒入彩椒丝，撒上蒜末。
6. 加入少许盐、鸡粉，淋入适量生抽、陈醋。
7. 倒入少许芝麻油，搅拌匀，撒上葱段，搅拌一会儿，至食材入味。
8. 取一个干净的盘子，盛入拌好的菜肴，摆好盘即成。

Part 5 养生凉拌禽蛋

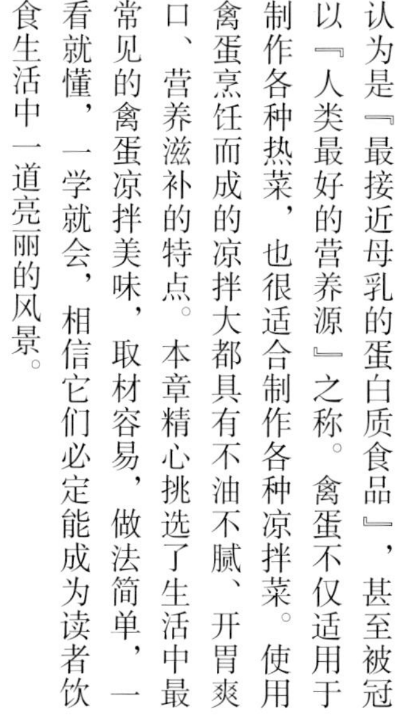

禽蛋营养特别丰富，一直以来就被营养学家认为是『最接近母乳的蛋白质食品』，甚至被冠以『人类最好的营养源』之称。禽蛋不仅适用于制作各种热菜，也很适合制作各种凉拌菜。使用禽蛋烹饪而成的凉拌大都具有不油不腻、开胃爽口、营养滋补的特点。本章精心挑选了生活中最常见的禽蛋凉拌美味，取材容易，做法简单，一看就懂，一学就会，相信它们必定能成为读者饮食生活中一道亮丽的风景。

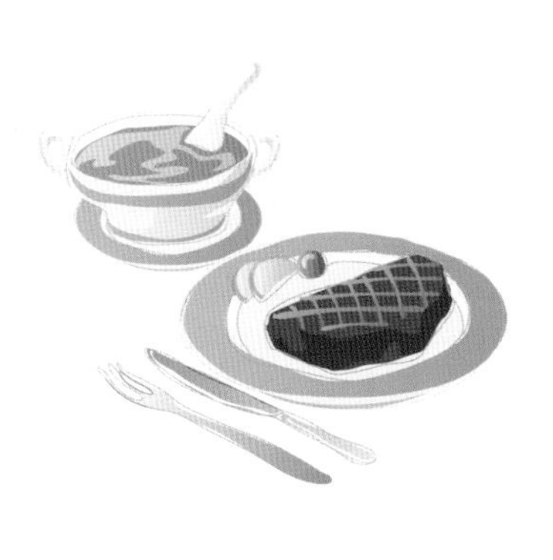

苦瓜拌鸡片

原料

苦瓜120克，鸡胸肉100克，彩椒25克，蒜末少许

调料

盐3克，鸡粉2克，生抽3毫升，食粉、黑芝麻油、水淀粉、食用油各适量

做法

1. 苦瓜洗净去籽，切片；彩椒洗净切片；鸡胸肉洗净切片，装碗。
2. 碗中放入盐、鸡粉、水淀粉，拌匀，加入食用油，腌渍至入味。
3. 锅中注水烧开，注油，放入彩椒，煮片刻，捞出，沥干水。
4. 锅中加入食粉，放入苦瓜，煮1分钟，至其断生，捞出，沥干水。
5. 锅中注油烧热，倒入鸡肉片，搅匀，滑油至转色，捞出鸡肉片，沥干油。
6. 取一个干净的大碗，倒入苦瓜，加入彩椒、鸡肉片，放入蒜末。
7. 加入盐、鸡粉，淋入生抽、黑芝麻油，拌至食材入味。
8. 将拌好的食材装入盘中即成。

海蜇黄瓜拌鸡丝

原料

黄瓜180克，海蜇丝220克，熟鸡肉110克，香菜、蒜末各少许

调料

葡萄籽油5毫升，盐、鸡粉、白糖各1克，陈醋、生抽各5毫升

做法

1. 洗净的黄瓜切片，改切成丝，摆盘整齐；熟鸡肉撕成丝。
2. 热水锅中倒入洗净的海蜇丝，汆煮一会儿去除杂质，待熟后捞出汆好的海蜇丝，沥干水分，装盘待用。
3. 取一碗，倒入汆好的海蜇丝，放入鸡肉丝，倒入蒜末。
4. 加入盐、鸡粉、白糖、陈醋、葡萄籽油，将食材充分地拌匀。
5. 往黄瓜丝上淋入生抽，将拌好的鸡丝海蜇丝倒在黄瓜丝上，放上香菜点缀即可。

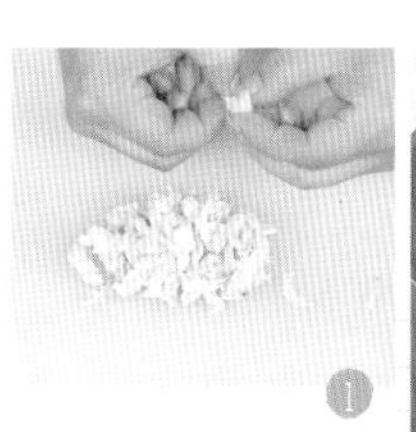

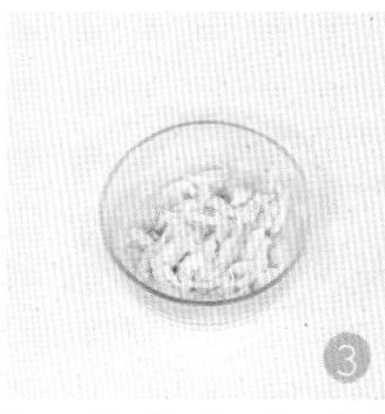

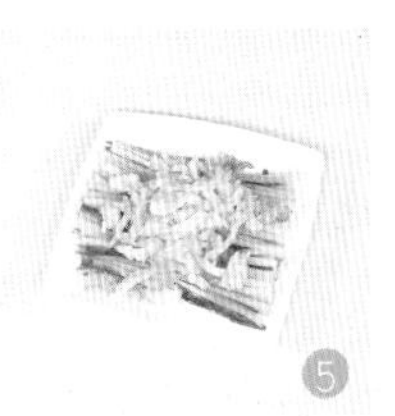

魔芋鸡丝荷兰豆

原料

魔芋手卷100克，荷兰豆120克，熟鸡脯肉80克，红椒20克，蒜末、葱花各少许

调料

白糖2克，陈醋4毫升，芝麻油、生抽各5毫升，盐少许

做法

1. 将魔芋手卷的绳子解开；熟鸡脯肉切丝，再用手撕成细丝。
2. 洗净的红椒切成圈待用；处理好的荷兰豆切成丝待用。
3. 锅中注入适量的清水，大火烧开，倒入魔芋手卷，搅拌片刻，将魔芋手卷捞出，沥干水分。
4. 再将荷兰豆倒入锅中，搅匀焯煮至断生，将荷兰豆捞出，沥干水分。
5. 取一个碗，放入魔芋手卷、荷兰豆、鸡脯肉。
6. 加入少许盐、白糖，淋入生抽、陈醋、芝麻油，搅拌匀。
7. 将红椒圈摆在盘边一圈做装饰，盘中倒入拌好的魔芋手卷。
8. 撒上备好的蒜末、葱花即可。

小贴士

荷兰豆焯水时间不宜过长，以免焯得过老。

香辣鸡丝豆腐

原料

熟鸡肉80克，豆腐200克，油炸花生米60克，朝天椒圈15克，葱花少许

调料

陈醋、芝麻油、辣椒油、生抽各5毫升，白糖3克，盐少许

做法

1. 熟鸡肉手撕成丝；备好的熟花生米拍碎。
2. 洗净的豆腐对切开，切成块。
3. 锅中注水烧开，加入盐，倒入豆腐，氽煮片刻去除豆腥味。
4. 将豆腐捞出，沥干水分，摆入盘底成花瓣状，待用。
5. 将鸡丝堆放在豆腐上。
6. 取一个碗，倒入花生碎、朝天椒圈。
7. 加入少许生抽、白糖、陈醋、芝麻油、辣椒油，拌匀。
8. 倒入备好的葱花，搅拌均匀制成酱汁，浇在鸡丝豆腐上即可。

麻酱鸡丝海蜇

原料

熟海蜇160克，熟鸡肉75克，黄瓜55克，大葱35克

调料

芝麻酱12克，盐、鸡粉、白糖各2克，生抽5毫升，陈醋10毫升，辣椒油、芝麻油各适量

做法

1. 大葱洗净切粗丝；黄瓜洗净切条；熟鸡肉切条；将芝麻酱、盐、生抽、鸡粉、白糖、辣椒油、芝麻油、陈醋拌制成味汁。
2. 取一个盘子，放入大葱、黄瓜摆好。
3. 撒上鸡肉条、熟海蜇，浇上味汁即成。

凉拌手撕鸡

原料

熟鸡胸肉160克，红椒、青椒各20克，葱花、姜末各少许

调料

盐、鸡粉各2克，生抽4毫升，芝麻油5毫升

做法

1. 洗好的红椒、青椒去籽，切细丝；把熟鸡胸肉撕成细丝，待用。
2. 碗中倒入鸡肉丝、青椒、红椒、葱花、姜末，放入盐、鸡粉、生抽、芝麻油搅拌匀，至食材入味。
3. 将拌好的食材装入盘中即成。

怪味鸡丝

原料

鸡胸肉160克，绿豆芽55克，姜末、蒜末各少许

调料

芝麻酱5克，鸡粉、盐各2克，生抽5毫升，白糖、陈醋、辣椒油、花椒油各适量

做法

1. 沸水锅中倒鸡胸肉煮至熟，捞出切粗丝；沸水锅中倒绿豆芽，煮断生，捞出。
2. 将鸡肉丝放在绿豆芽上，摆放好。
3. 碗中放入芝麻酱、鸡粉、盐、生抽、白糖、陈醋、辣椒油、花椒油、蒜末、姜末，调成味汁，浇在食材上即可。

西芹鸡片

原料

鸡胸肉170克，西芹100克，花生碎30克，葱花少许

调料

盐、鸡粉各2克，料酒7毫升，生抽4毫升，辣椒油6毫升

做法

1. 热水锅中倒鸡胸肉、料酒，煮熟捞出。
2. 洗好的西芹切段；鸡胸肉切片；锅中注水烧开，倒入西芹煮熟，捞出。
3. 取小碗，加入盐、鸡粉、生抽、辣椒油、花生碎、葱花拌匀，调成味汁。
4. 西芹、鸡肉摆入盘中，浇上味汁即可。

鸡蓉拌豆腐

原料

豆腐200克，熟鸡胸肉25克，香葱少许

调料

白糖2克，芝麻油5毫升

做法

1. 洗净的香葱切小段；洗好的豆腐切开，再切粗条，改切成小丁。
2. 将熟鸡胸肉切片，再切条，改切成碎末，备用。
3. 沸水锅中倒入切好的豆腐，略煮一会儿，去除豆腥味，捞出焯煮好的豆腐，沥干水，装盘备用。
4. 取一个碗，倒入备好的豆腐、鸡蓉、葱花，加入白糖、芝麻油稍微搅拌匀。
5. 将拌好的菜肴装入盘中即可。

香糟鸡条

原料

鸡胸肉260克，醪糟100克，姜片、葱段各少许

调料

白酒12毫升，盐、鸡粉各2克，料酒8毫升

做法

1. 锅中注水烧热，倒入洗净的鸡胸肉。
2. 盖上盖，烧开后转小火煮至熟。
3. 揭开盖，捞出鸡肉，放凉待用。
4. 取一个大碗，倒入醪糟，放入姜片、葱段。
5. 加入白酒，注入少许开水，加入盐、鸡粉、料酒，拌匀，调成味汁，待用。
6. 将放凉的鸡胸肉切成条。
7. 再将鸡肉条放入味汁中，拌匀，腌渍片刻。
8. 将腌好的食材盛入盘中即成。

茼蒿拌鸡丝

原料

鸡胸肉160克，茼蒿120克，彩椒50克，蒜末、熟白芝麻各少许

调料

盐3克，鸡粉2克，生抽7毫升，水淀粉、芝麻油、食用油各适量

做法

1. 茼蒿洗净切段；彩椒洗净切粗丝；鸡胸肉洗净切薄片，改切丝。
2. 鸡肉丝装碗，加入盐、鸡粉、水淀粉拌匀上浆，注油腌渍至入味。
3. 锅中注水烧开，加入食用油、盐、彩椒丝、茼蒿煮约半分钟，捞出，倒入鸡肉丝搅匀，略煮至鸡肉丝熟软后捞出，沥干水。
4. 取一个干净的碗，倒入彩椒丝、茼蒿、鸡肉丝、蒜末、盐、鸡粉，淋入少许生抽、芝麻油，快速搅拌一会儿，至食材入味。
5. 取一个干净的盘子，盛入拌好的食材，撒上熟白芝麻，摆好盘即成。

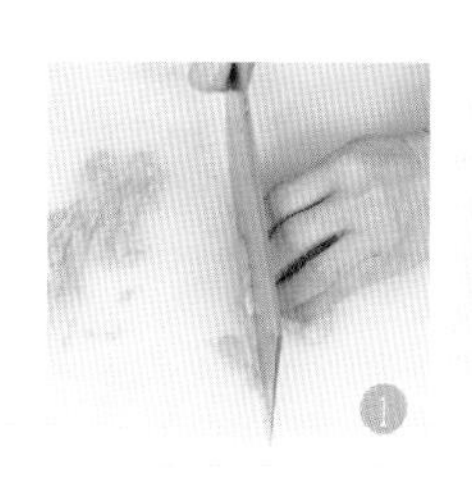

椒麻鸡片

原料

鸡脯肉250克，黄瓜190克，花生碎20克，葱段、姜片、蒜末、葱花各少许

调料

芝麻酱40克，鸡粉2克，生抽、陈醋各5毫升，辣椒油、白醋各3毫升，料酒、花椒油各4毫升，盐4克，白糖3克

做法

1. 洗净的黄瓜对半切开，斜刀切成不断的花刀，再切段。
2. 黄瓜装入碗中，加入少许盐，搅拌匀，腌渍至入味，再加入白糖、白醋、生抽，搅拌均匀。
3. 锅中注入适量清水大火烧开，放入鸡脯肉、盐、料酒搅拌片刻，倒入备好的姜片、葱段。
4. 盖上锅盖，中火煮至食材熟透。
5. 取一个碗，放入花生碎、芝麻酱、盐，再倒入鸡粉、生抽、陈醋、辣椒油、花椒油。
6. 注入少许清水，搅拌片刻，再加入蒜末、葱花，拌匀。
7. 将腌渍好的黄瓜摆入盘中，摆上调好的椒麻汁。
8. 掀开锅盖，将鸡肉捞出放凉，切成片，放在黄瓜上即可。

小贴士

如果喜欢爽脆的口感，可以将黄瓜腌渍的时间缩短。

鸡肉拌南瓜

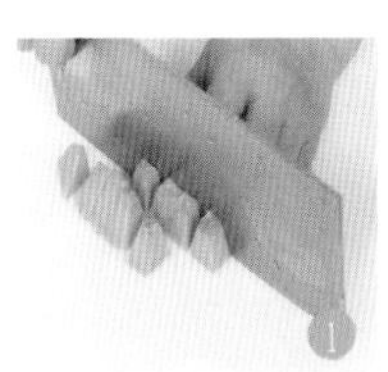

原料

鸡胸肉100克，南瓜200克，牛奶80毫升

调料

盐少许

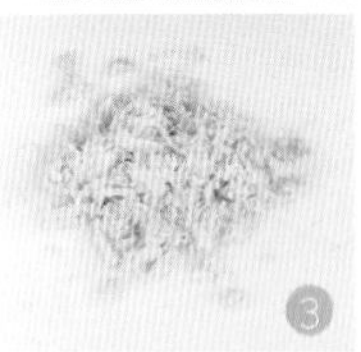

做法

1. 将洗净的南瓜切厚片，改切成丁；鸡肉装入碗中，放少许盐，加少许清水，待用。
2. 烧开蒸锅，分别放入装好盘的南瓜、鸡肉，盖上盖，用中火蒸至熟。
3. 揭盖，取出蒸熟的鸡肉、南瓜，用刀把鸡肉拍散，撕成丝。
4. 将鸡肉丝倒入碗中，放入南瓜，加入适量牛奶拌匀，将拌好的材料盛出，装入盘中，再淋上少许牛奶即可。

五色菠菜卷

原料

鸡腿150克，番茄90克，生菜70克，胡萝卜60克，紫甘蓝50克，菠菜叶30克，面粉糊、蒜末、葱花各适量

调料

盐2克，蚝油4克，生抽5毫升，料酒6毫升，沙拉酱、芝麻油、食用油各适量

做法

1. 番茄切小块；生菜剁末；胡萝卜切丁；紫甘蓝切末；取鸡腿肉切丁。
2. 锅中注水烧开，淋入食用油，倒入菠菜叶，煮约半分钟，捞出。
3. 再倒入胡萝卜、紫甘蓝、生菜搅匀，煮约半分钟，捞出。
4. 热油爆香蒜末，放鸡肉炒至变色，放入料酒、剩余切好的食材翻炒。
5. 加入盐、生抽、蚝油、面粉糊炒匀，淋入芝麻油，炒至食材入味。
6. 关火后盛出炒好的材料，装碗，加入葱花搅匀，制成馅料。
7. 取来两片菠菜叶，铺开、摊平，放入馅料，卷紧，制成菠菜卷。
8. 将做好的菠菜卷装入盘中，挤上少许沙拉酱即成。

西芹拌鸡胗

原料

鸡胗180克，西芹100克，红椒20克，蒜末少许

调料

料酒3毫升，鸡粉2克，辣椒油4毫升，芝麻油2毫升，盐、生抽、食用油各适量

做法

1. 洗净的西芹切长条，切成小块；洗好的红椒切开，去籽，切成条，改切成小块；洗净的鸡胗切成小块。
2. 锅中注水烧开，加入适量食用油、盐，放入切好的西芹、红椒搅匀，煮约1分钟至熟，将煮好的西芹和红椒捞出，待用。
3. 再向沸水锅中淋入生抽、料酒，倒入洗净切好的鸡胗，搅匀。
4. 盖上盖，煮至鸡胗熟透。
5. 揭开盖，把煮好的鸡胗捞出。
6. 把西芹和红椒倒入碗中，放入氽煮好的鸡胗，再放入蒜末。
7. 加入盐、鸡粉，淋入生抽，倒入辣椒油、芝麻油，用筷子把碗中的食材搅拌匀。
8. 将拌好的食材盛入盘中即可。

小贴士

西芹表面的老皮较硬，应刮去老皮，这样烹饪出来的西芹更脆嫩。

凉拌鸡胗

原料

熟鸡胗100克，红椒10克，蒜末、葱花各少许

调料

盐3克，生抽、陈醋各3毫升，鸡粉、芝麻油各适量

做法

1. 将洗净的鸡胗切成小片，装入盘中备用。
2. 将洗净的红椒切成圈，装入盘中备用。
3. 把鸡胗倒入碗中，放入红椒圈。
4. 加入盐，拌匀。
5. 加入鸡粉、生抽、陈醋。
6. 加入芝麻油，拌匀。
7. 加入蒜末、葱花，用筷子拌匀。
8. 将拌好的鸡胗盛出装盘即可。

凉拌鸡肝

原料

熟鸡肝150克，红椒15克，蒜末、葱花各少许

调料

盐3克，鸡粉少许，生抽、辣椒油各5毫升

做法

1. 将鸡肝切成片，装入盘中备用。
2. 将洗净的红椒切成圈，备用。
3. 把鸡肝倒入碗中，加入红椒、蒜末、葱花。
4. 加入盐、鸡粉，淋入生抽、辣椒油，用筷子拌匀，调味。
5. 将拌好的鸡肝盛出装盘即可。

香辣凤爪

原料

鸡爪300克，蒜末、葱花各少许

调料

盐3克，味精、鸡粉、辣椒酱、芝麻油各适量

做法

1. 将洗净的鸡爪切去爪尖，并斩成小块。
2. 锅中加入清水，再加上盐、味精、鸡爪，用大火把水烧开，然后慢火煮至熟，捞出。
3. 将鸡爪倒入碗中，加入蒜末、葱花、辣椒酱。
4. 加入鸡粉、盐，调味拌匀。
5. 加入适量芝麻油用筷子拌匀，盛入盘中即可。

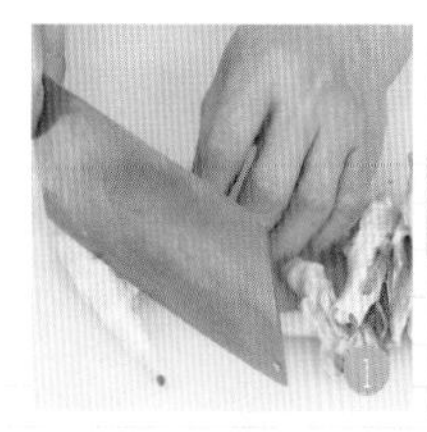

风味凤爪

原料

鸡爪250克，红椒15克，香菜10克，花生米25克

调料

盐3克，鸡粉、白酒、生抽、陈醋、芝麻油、食用油各适量

做法

1. 起油锅，倒入花生米炸约2分钟，捞出。
2. 锅中加水、鸡爪、盐、鸡粉、白酒，煮至熟，捞出；香菜洗净切碎；红椒洗净去籽，切小块；鸡爪去爪尖，切小块。
3. 切好的食材装碗，加入盐、鸡粉、生抽、陈醋、花生米、芝麻油拌匀即可。

红油鸭块

原料

烤鸭600克，红椒15克，蒜末、葱花各少许

调料

盐3克，生抽、鸡粉、辣椒油、食用油各适量

做法

1. 洗净的红椒切圈；烤鸭斩成块。
2. 用油起锅，烧热后倒入蒜末炒香，调成小火，加入生抽、盐、鸡粉调味。
3. 倒入红椒、辣椒油炒均匀，撒上葱花炒匀，制成味汁，关火备用。
4. 将鸭肉块码放好，浇上味汁即成。

家常拌鸭脖

原料

鸭脖200克，姜片20克，胡萝卜30克，香菜20克，蒜末少许

调料

鸡粉2克，生抽、陈醋、芝麻油、辣椒油、料酒、精卤水各适量

做法

1. 香菜切成小段；去皮洗净的胡萝卜切片，切成丝。
2. 锅中加水烧开，放入姜片，淋入少许料酒，再放入鸭脖，搅拌匀，煮约3分钟，汆去血渍，捞出锅中的材料，沥干，装盘待用。
3. 另起锅倒入精卤水煮沸，放入鸭脖、姜片，加盖，小火卤至入味。
4. 揭盖，捞出鸭脖，沥干卤水，装盘晾凉，把放凉后的鸭脖切小块。
5. 另起锅倒水烧开，放入胡萝卜丝，煮约半分钟至断生，捞出盛盘。
6. 把切好的鸭脖倒入碗中，放入蒜末，倒入胡萝卜丝、香菜。
7. 倒上生抽、陈醋、鸡粉、辣椒油、芝麻油，拌约1分钟至入味。
8. 盛入盘中，摆好盘即成。

凉拌鸭舌

原料

鸭舌200克，蒜末、葱花各少许

调料

盐6克，鸡粉、白糖各4克，五香粉5克，料酒、辣椒油各5毫升，老抽3毫升，芝麻油2毫升，生抽8毫升

做法

1. 锅中倒入适量清水，用大火烧开，加入少许五香粉、2克鸡粉，再加入5毫升生抽、3克盐、料酒、老抽、白糖，煮沸。
2. 倒入处理好的鸭舌，盖上盖，小火煮至入味，揭盖，捞出。
3. 取一个大碗，把鸭舌倒入碗中，加入蒜末、葱花。
4. 再加入盐、生抽、鸡粉，然后加入辣椒油、芝麻油，拌匀调味。
5. 把拌好的鸭舌盛出装盘即可。

香辣拌鸭舌

原料

鸭舌150克，干辣椒5克，蒜末、葱花各少许

调料

盐6克，鸡粉、味精各2克，白糖4克，五香粉5克，老抽、陈醋各3毫升，芝麻油4毫升，料酒、辣椒油各5毫升，生抽8毫升，食用油适量

做法

1. 锅注水烧开，加五香粉、鸡粉、生抽、盐、料酒、老抽、白糖，煮沸。
2. 倒入鸭舌，盖上盖，小火煮至入味，揭盖，把煮好的鸭舌取出。
3. 用油起锅，倒入蒜末、干辣椒炒香。
4. 倒入清水、辣椒油、盐、味精、生抽、陈醋，煮沸，制成味汁。
5. 鸭舌倒入碗中，再倒入调好的味汁，撒入葱花、芝麻油拌匀即可。

红椒辣拌鸭胗

原料

净鸭胗200克，红椒17克，姜片20克，蒜末、葱花各少许

调料

盐3克，鸡粉少许，料酒、生抽各3毫升，辣椒油、食用油各适量

做法

1. 锅中倒水烧开，倒入姜片、鸭胗、盐、鸡粉、料酒，小火煮至熟，捞出。
2. 红椒洗净去籽，切小块；鸭胗切小片。
3. 起油锅，炒匀蒜末、红椒，倒入水、生抽、盐、鸡粉、辣椒油拌制成稠汁。
4. 鸭胗装碗，加稠汁、葱花，拌匀即可。

香拌鸭肠

原料

鲜鸭肠250克，芹菜60克，青椒、红椒各15克，蒜末20克

调料

盐3克，鸡粉2克，陈醋、辣椒油各8毫升，卤水2000毫升

做法

1. 把洗净的鸭肠放入煮沸的卤水中，烧开后转小火卤至入味，捞出，晾凉。
2. 洗好的芹菜切成小段；洗净的红椒、青椒均切成圈；鸭肠切成小块。
3. 碗中倒入切好的食材、蒜末、盐、鸡粉、陈醋、辣椒油拌匀，装盘即可。

辣拌鸭肠

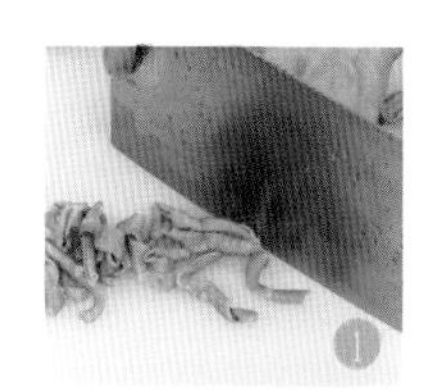

原料

熟鸭肠200克，青椒、红椒各20克，蒜末少许

调料

盐、鸡粉、辣椒油、芝麻油、食用油各适量

做法

1. 洗净的青椒、红椒均切成圈；熟鸭肠切成4厘米长的段。
2. 锅中倒入适量清水，大火烧开，加入适量食用油，拌匀，倒入青椒、红椒，煮约半分钟至断生，捞出沥干水分备用。
3. 再倒入鸭肠，煮约半分钟，捞出沥干备用。
4. 取一个大碗，倒入鸭肠、青椒圈、红椒圈、蒜末，加入盐、鸡粉、辣椒油、芝麻油，拌约1分钟至入味，把拌好的材料盛放在盘中即成。

香芹拌鸭肠

原料

熟鸭肠150克，红椒15克，芹菜70克

调料

盐3克，生抽3毫升，陈醋5毫升，鸡粉2克，芝麻油适量，食用油少许

做法

1. 把洗净的芹菜切段；洗净的红椒切成细丝；熟鸭肠切段。
2. 沸水锅中加食用油、鸭肠，汆约半分钟，捞出，倒入芹菜、红椒焯熟，捞出。
3. 取一碗，倒入芹菜、红椒、鸭肠、生抽、陈醋、盐、鸡粉、芝麻油拌匀至入味。
4. 盛入盘中，摆好盘即可。

老醋拌鸭掌

原料

鸭掌200克，香菜10克，花生米15克

调料

盐3克，卤水、白糖、鸡粉、生抽、陈醋、食用油各适量

做法

1. 洗净的香菜切成末。
2. 锅中注油烧热，倒入花生米，小火炸约1分钟，捞出，去皮，剁成碎末。
3. 另起锅，倒入卤水煮沸，放入鸭掌，小火卤熟，捞出，剁去趾尖。
4. 鸭掌装碗，加入白糖、生抽、陈醋、盐、鸡粉、花生末、香菜末拌匀即成。

鸡蛋水果沙拉

原料

去皮猕猴桃、熟鸡蛋、苹果各1个，橙子160克，酸奶60克

调料

南瓜籽油5毫升

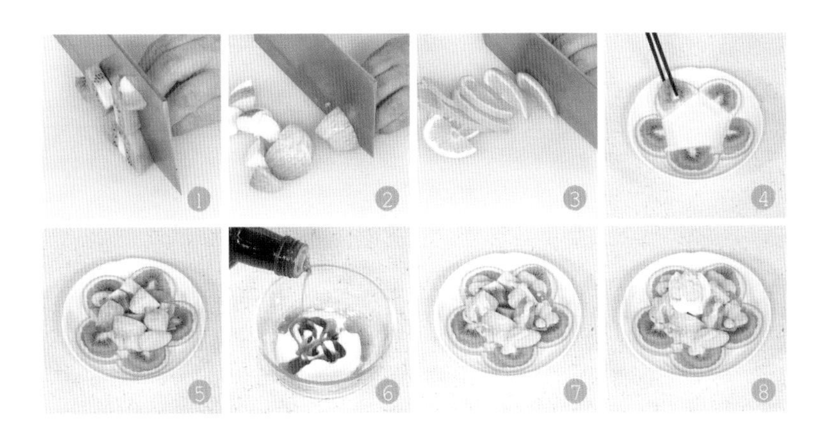

做法

1. 猕猴桃对半切开，取一半切片，另一半切成块。
2. 洗净的苹果对半切开，去籽，切小瓣，改切成块。
3. 洗好的橙子切片；鸡蛋对半切开，切小瓣。
4. 取一盘，四周摆上橙子片，每片橙子上放上一片猕猴桃。
5. 中间放上切好的苹果和猕猴桃。
6. 取一碗，倒入酸奶，加入南瓜籽油，将材料搅拌均匀，制成沙拉酱。
7. 将沙拉酱倒在水果上。
8. 顶端放上切好的鸡蛋即可。

小贴士

沙拉酱中可依个人喜好加入适量柠檬汁，更能开胃。

粉皮拌荷包蛋

原料

粉皮160克，黄瓜85克，彩椒10克，鸡蛋1个，蒜末少许

调料

盐、鸡粉各2克，生抽6毫升，辣椒油适量

做法

1. 洗净的黄瓜、彩椒切成丝。
2. 锅中注水烧开，打入鸡蛋，用中小火煮约5分钟，捞出，切成小块。
3. 取一碗，倒入泡软的粉皮、黄瓜丝、彩椒丝、蒜末、盐、鸡粉、生抽、辣椒油拌匀，把拌好的食材盛入盘中。
4. 最后放上切好的荷包蛋即成。

蛋丝拌韭菜

原料

韭菜80克，鸡蛋1个，生姜15克，白芝麻、蒜末各适量

调料

白糖、鸡粉各1克，生抽、香醋、花椒油、芝麻油各5毫升，辣椒油10毫升，食用油适量

做法

1. 沸水锅中倒入韭菜煮至断生，捞出切段；生姜洗净切末；鸡蛋打入碗中搅散。
2. 起油锅，倒蛋液煎至两面微焦，切丝。
3. 碗中加姜末、蒜末、所有调味料拌匀，制成酱汁；取一碗，放入韭菜、蛋丝、白芝麻、酱汁拌匀，撒上白芝麻即可。

三色拌菠菜

原料

水发粉丝200克，菠菜150克，鸡蛋60克，姜末、蒜末各少许

调料

盐、鸡粉各3克，陈醋7毫升，芝麻油、食用油各适量

做法

1. 鸡蛋打开，倒入碗中搅散，制成蛋液；将洗净的粉丝切成段；洗好的菠菜去除根部，切成小段。
2. 煎锅倒油烧热，放入蛋液摊开，小火煎至熟透，取出晾凉，切细丝。
3. 沸水锅中加盐、鸡粉、食用油、切好的粉丝，焯至食材断生后捞出。
4. 再放入菠菜搅匀，煮约1分钟，捞出。
5. 取一碗，倒入菠菜、粉丝、蒜末、姜末、蛋皮丝、盐、鸡粉、陈醋、芝麻油，拌至入味，盛入拌好的食材，摆好盘即成。

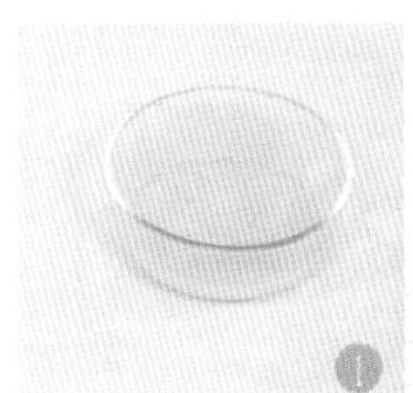

皮蛋拌魔芋

原料

魔芋大结280克，去皮皮蛋2个，朝天椒5克，香菜叶、蒜末、姜末、葱花各少许

调料

盐2克，白糖3克，芝麻油、生抽、陈醋、辣椒油各5毫升

做法

1. 洗净的朝天椒切圈。
2. 皮蛋切小瓣儿。
3. 锅中注入适量清水烧开，放入魔芋大结，焯煮片刻。
4. 关火后捞出焯煮好的魔芋结，沥干水分，装入盘中。
5. 周围沿盘边儿摆放上切好的皮蛋。
6. 取一碗，倒入朝天椒圈、蒜末、姜末、葱花。
7. 加入适量生抽、陈醋、盐、白糖、芝麻油、辣椒油，用筷子搅拌均匀。
8. 放入香菜叶，制成调味汁，浇在魔芋大结上即可。

小贴士

搅拌时加入陈醋，可以更好地入味，更有利于食物营养的吸收。

香菜拌皮蛋

原料

皮蛋2个，黄瓜180克，香菜碎、蒜末各少许

调料

山核桃油10毫升，盐2克，鸡粉1克，生抽、陈醋各5毫升

做法

1. 洗净的黄瓜切片，装碗。
2. 皮蛋壳敲碎，去除壳，对半切开，再改切成瓣。
3. 往黄瓜片中加入盐拌匀，腌渍片刻使其入味。
4. 取一碗，倒入蒜末，放入香菜碎。
5. 加入盐、鸡粉、生抽、陈醋。
6. 再淋入山核桃油拌匀，制成调味汁。
7. 备一盘，将切好的皮蛋整齐摆入盘中。
8. 中间放入腌渍好的黄瓜片，淋上调制好的味汁即可。

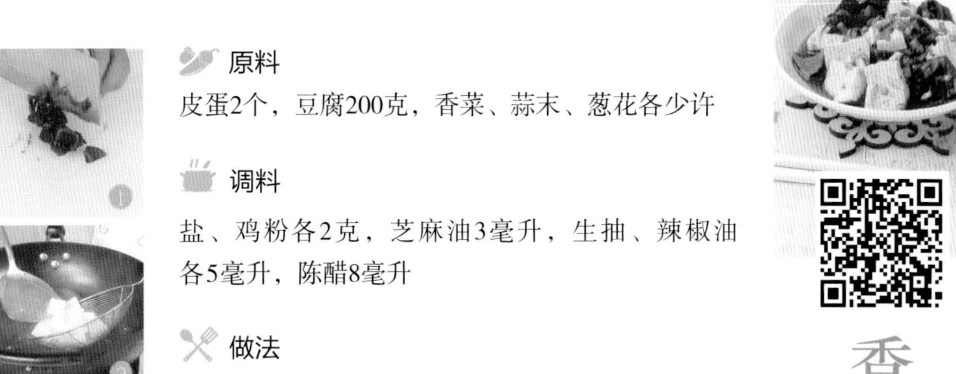

香葱皮蛋拌豆腐

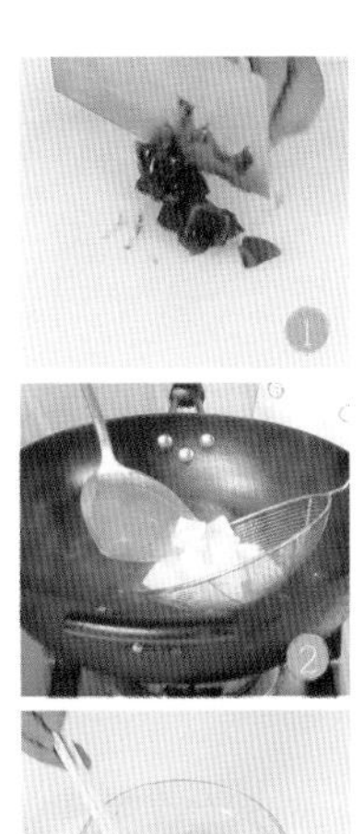

原料

皮蛋2个，豆腐200克，香菜、蒜末、葱花各少许

调料

盐、鸡粉各2克，芝麻油3毫升，生抽、辣椒油各5毫升，陈醋8毫升

做法

1. 洗好的豆腐切片，再切小块；洗净的香菜切成末；洗好的皮蛋去壳，再切成小块，备用。
2. 锅中注入适量清水烧开，倒入切好的豆腐，煮约1分钟，把煮好的豆腐捞出，备用。
3. 取一个碗，放入陈醋、辣椒油、蒜末、葱花、香菜，加入盐、鸡粉、生抽、芝麻油，拌匀。
4. 倒入皮蛋、豆腐，拌匀，盛出拌好的食材，装入盘中，撒上葱花即可。

青黄皮蛋拌豆腐

原料

内酯豆腐300克，皮蛋1个，熟鸡蛋1个，青豆15克，葱花少许

调料

鸡粉2克，生抽6毫升，香醋2毫升

做法

1. 将内酯豆腐切开，再切成小块。
2. 熟鸡蛋去壳，切成小瓣，再切成小块；皮蛋去壳，切成小瓣，待用。
3. 锅中注入适量清水，用大火烧开，倒入豆腐，略煮一会儿。
4. 将焯煮好的豆腐捞出，沥干水分，装盘备用。
5. 锅中再倒入青豆，煮至熟透，将煮好的青豆捞出，沥干水分，待用。
6. 取一个碟子，加入鸡粉、生抽、香醋，搅拌匀，制成味汁。
7. 在豆腐上放入皮蛋、鸡蛋、青豆。
8. 浇上调好的味汁，撒上葱花即可。

小贴士

皮蛋可以切得小一点，这样更易入味。

粉皮皮蛋

原料

水发粉皮180克，松花蛋140克，葱花、香菜各少许

调料

盐、鸡粉各1克，生抽3毫升，花椒油2毫升，陈醋4毫升，辣椒油10毫升，芝麻酱少许

做法

1. 洗净的香菜切小段。
2. 去壳的皮蛋切开，再切小瓣，备用。
3. 取一个小碗，加入芝麻酱、盐、鸡粉、生抽。
4. 淋入花椒油、陈醋、辣椒油，拌匀。
5. 倒入香菜、葱花。
6. 拌匀，调成味汁，待用。
7. 另取一个盘子，盛入粉皮，放入切好的皮蛋，摆好。
8. 浇上味汁即可。

鲜美凉拌水产

水产类营养特别丰富，一般含有丰富的优质蛋白质、矿物质等成分。水产类食材肉质具有脆嫩鲜美的特点，用于凉拌比用于炒、煎、煮、烤等传统烹饪技艺时更具养生价值。水产类的凉拌菜讲究的地方较多，既要消除某类水产食材的腥味，又要保证食材的营养价值，还要注重菜肴的口感。怎么快速掌握水产类食材的凉拌技艺？翻开本章，您将马上得到最科学的烹饪指导。

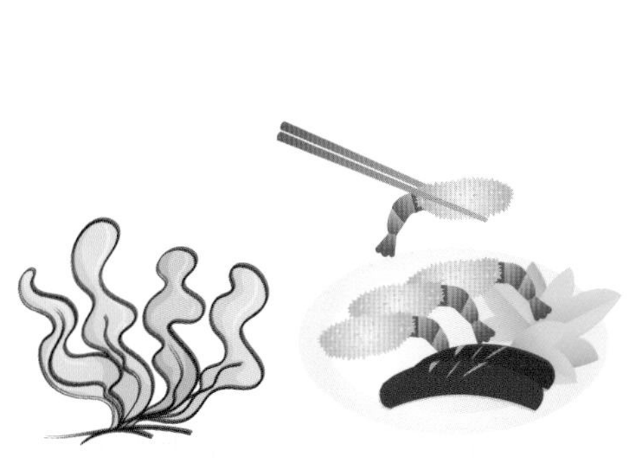

海带拌彩椒

原料

海带150克，彩椒100克，蒜末、葱花各少许

调料

盐3克，鸡粉2克，生抽、陈醋、芝麻油、食用油各适量

做法

1. 将洗净的海带切方片，再切成丝；洗好的彩椒去籽，切成丝。
2. 锅中注水烧开，加少许盐、食用油，放入切好的彩椒，搅匀。
3. 倒入海带，搅拌匀，煮约1分钟至熟。
4. 把焯煮好的食材捞出。
5. 将彩椒和海带放入碗中，倒入蒜末、葱花。
6. 加入适量生抽、盐、鸡粉、陈醋。
7. 淋入少许芝麻油，拌匀调味。
8. 将拌好的食材装入盘中即成。

芝麻双丝海带

原料

水发海带85克，青椒45克，红椒25克，姜丝、葱丝、熟白芝麻各少许

调料

盐、鸡粉各2克，生抽4毫升，陈醋7毫升，辣椒油6毫升，芝麻油5毫升

做法

1. 洗好的红椒切开，去籽，再切细丝；洗净的青椒切开，去籽，再切细丝；洗好的海带切细丝，再切长段。
2. 锅中注入适量清水烧开，倒入海带拌匀，煮至断生。
3. 放入青椒、红椒，拌匀，略煮片刻，捞出材料，沥干水分。
4. 取一个大碗，倒入焯过水的材料，放入姜丝、葱丝，拌匀。
5. 加入盐、鸡粉、生抽、陈醋、辣椒油、芝麻油，拌匀，撒上熟白芝麻，快速拌匀，将拌好的菜肴盛入盘中即可。

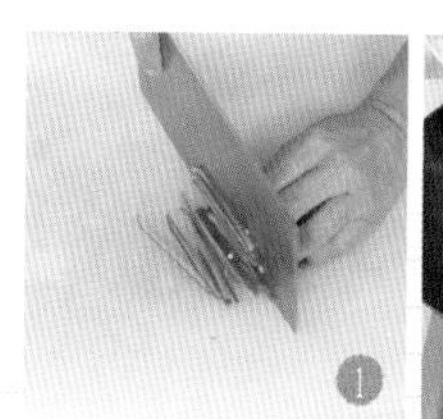

蒜泥海带丝

原料

水发海带丝240克，胡萝卜45克，熟白芝麻、蒜末各少许

调料

盐2克，生抽4毫升，陈醋6毫升，蚝油12克

做法

1. 将洗净去皮的胡萝卜切薄片，再切细丝，备用。
2. 锅中注入适量清水烧开，放入洗净的海带丝。
3. 搅散，用大火煮约2分钟。
4. 至食材断生后捞出，沥干水分，待用。
5. 取一个大碗，放入焯好的海带丝，撒上胡萝卜丝、蒜末。
6. 加入少许盐、生抽，放入适量蚝油，淋上少许陈醋。
7. 搅拌均匀，至食材入味。
8. 另取一个盘子，盛入拌好的菜肴，撒上熟白芝麻即成。

小贴士

盛盘后最好再浇上少许热油，这样菜肴的味道会更香。

葱椒鱼片

原料

草鱼肉200克，鸡蛋清、生粉各适量，花椒、葱花各少许

调料

盐、鸡粉各2克，芝麻油7毫升，食用油适量

做法

1. 用油起锅，倒入花椒，用小火炸香，盛出炒好的花椒，待用。
2. 洗好的草鱼肉去除鱼皮，把鱼肉用斜刀切片。
3. 将肉片装入碗中，加入盐、鸡蛋清，拌匀。
4. 加入少许生粉，拌匀，腌渍一会儿，至其入味，备用。
5. 将花椒、葱花倒在案板上，剁碎，制成葱椒料。
6. 取一个小碗，倒入葱椒料，加入盐、鸡粉、芝麻油拌匀，调成味汁。
7. 锅中注入适量清水烧开，放入鱼片，拌匀，用大火煮至熟透，捞出鱼肉，沥干水分，待用。
8. 取一个盘子，盛入鱼片，摆放好，浇上味汁即成。

金枪鱼水果沙拉

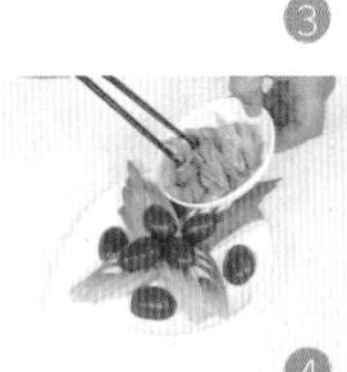

原料

熟金枪鱼肉180克，苹果80克，圣女果150克，沙拉酱50克

调料

山核桃油适量，白糖3克

做法

1. 洗净的圣女果对半切开。
2. 洗净的苹果切成大小一致的瓣儿，去核，依次再在每一瓣儿的左右两边切三刀，切开，展开呈花状。
3. 将熟金枪鱼肉撕成小块。
4. 在苹果上摆放圣女果、金枪鱼，再取一个碗，倒入沙拉酱、白糖、山核桃油，搅匀，将调好的酱浇在食材上即可。

金枪鱼鸡蛋杯

 原料

金枪鱼肉60克，彩椒10克，洋葱20克，熟鸡蛋2个，沙拉酱30克，西蓝花120克

调料

黑胡椒粉、食用油各适量

做法

1. 熟鸡蛋对半切开，挖去蛋黄，留蛋白待用。
2. 洗净的彩椒切丝，再切成粒，待用。
3. 洗好去皮的洋葱切开，再切丝，改切成粒。
4. 洗净的金枪鱼肉切小方块，改切成丁。
5. 锅中注入适量清水烧开，淋入食用油，倒入西蓝花，拌匀，煮约2分钟至断生，捞出焯煮好的西蓝花，沥干水分，待用。
6. 将金枪鱼装入碗中，放入洋葱、彩椒、沙拉酱。
7. 撒上黑胡椒粉，搅拌均匀，制成沙拉。
8. 将西蓝花摆入盘中，再放上蛋白，再摆上余下的西蓝花，将拌好的沙拉放在蛋白中即可。

小贴士

切洋葱的时候在刀面上抹少许食用油，可以保护刀具。

鲮鱼拌豆芽

原料

黄豆芽200克，红椒15克，豆豉鲮鱼100克

调料

盐3克，鸡粉1克，生抽5毫升，芝麻油3毫升，食用油适量

做法

1. 将洗净的红椒切成丝，备用；将豆豉鲮鱼切成小块，备用。
2. 锅中倒入适量清水，用大火烧开，加入少许食用油，再倒入黄豆芽，煮约2分钟至熟，加入红椒丝，再煮约半分钟至断生，捞出全部食材，装盘晾凉。
3. 取一个大碗，将黄豆芽、红椒丝倒入碗中，加入豆豉鲮鱼，再加入适量生抽、盐、鸡粉。
4. 然后淋入芝麻油，用筷子拌匀调味。
5. 盛出，装入盘中即可。

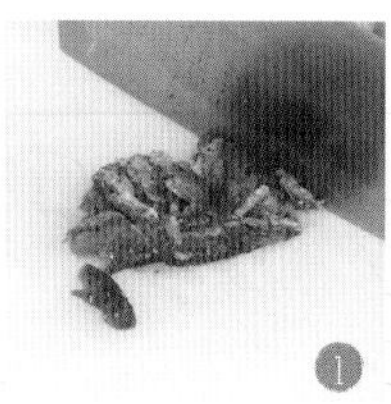

香干拌小鱼干

原料

攸县香干150克，小鱼干100克，红椒15克，香菜5克，蒜末、葱花各少许

调料

盐6克，鸡粉、生抽、辣椒油、芝麻油、食用油各适量

做法

1. 香干切条；洗净的红椒切开去籽，改切丝；洗净的香菜切小段。
2. 锅中倒入适量清水烧开，加3克盐，放入香干，煮1分钟，倒入红椒丝，再煮片刻，把煮好的香干和红椒丝捞出。
3. 热锅注油，烧至四成热，倒入小鱼干炸至熟，将小鱼干捞出。
4. 将小鱼干装入碗中，倒入香干、红椒，放入蒜末、葱花。
5. 加入盐、鸡粉、生抽、辣椒油、芝麻油、香菜拌匀，装盘即成。

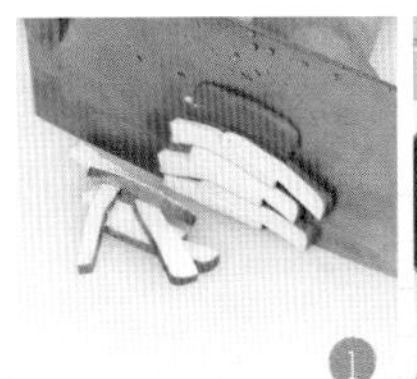

凉拌八爪鱼

原料

八爪鱼230克，红椒粒35克，姜末、蒜末、葱花各少许

调料

生抽5毫升，盐2克，料酒4毫升，胡椒粉少许，食用油适量

做法

1. 锅中注水烧开，放入八爪鱼、料酒，汆煮至断生，捞出，放凉，切块。
2. 八爪鱼装入碗中，放入盐、生抽、胡椒粉拌匀，倒入蒜末、姜末、葱花、红椒粒。
3. 锅中注油烧热，浇在八爪鱼上拌匀即可。

梅肉沙司拌章鱼

原料

章鱼120克，秋葵4个，梅干3个，豆苗140克，朝天椒圈4克，高汤20毫升

调料

椰子油3毫升，木鱼花适量

做法

1. 洗净的豆苗切段；秋葵切片；章鱼头、须分离，章鱼须切段，划开章鱼头，取出杂质，切条。
2. 水烧开，放入章鱼烫1分钟，捞出放凉。
3. 取大碗，倒入椰子油、凉开水、高汤、木鱼花、梅干、章鱼、秋葵片拌匀。
4. 豆苗铺在盘底，倒入拌匀的食材，放上朝天椒圈即可。

香葱拌双丝

原料

水发粉丝160克，海蜇丝110克，葱段30克，黄瓜130克，蒜末适量

调料

苏籽油10毫升，盐、鸡粉各1克，白糖2克，陈醋5毫升，生抽10毫升

做法

1. 洗净的黄瓜切片，改切成丝，摆入盘中，待用。
2. 沸水锅中倒入海蜇丝、粉丝，汆煮至食材断生，捞出，装碗中。
3. 碗中倒入蒜末、葱段。
4. 加入盐、鸡粉、白糖、陈醋、生抽、苏籽油，将材料充分拌匀。
5. 往黄瓜丝淋入生抽，再将海蜇丝和粉丝放上即可。

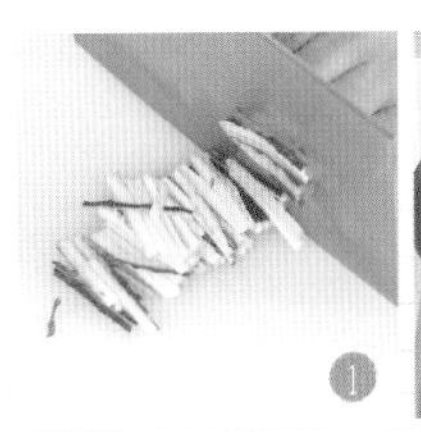

老虎菜拌海蜇皮

原料

海蜇皮250克，黄瓜200克，青椒50克，红椒60克，洋葱180克，番茄150克，香菜少许

调料

生抽、陈醋各5毫升，白糖3克，芝麻油、辣椒油各3毫升

做法

1. 洗净的番茄对切开，切成片；洗净的黄瓜切成片，再切丝。
2. 洗净的青椒切开，去籽，再切成丝；洗净的红椒切开，去籽，再切成丝。
3. 处理好的洋葱切成丝。
4. 锅中注入适量的清水，大火烧开，倒入海蜇皮，搅匀汆煮片刻，将海蜇皮捞出，沥干水分。
5. 将海蜇皮装入碗中，淋入生抽、陈醋。
6. 加入少许白糖、芝麻油、辣椒油，倒入香菜持续搅拌片刻，使食材入味。
7. 取一个盘子，摆上番茄、洋葱、黄瓜。
8. 再放上青椒、红椒，倒入海蜇皮即可。

小贴士

海蜇皮汆完水后可以放入凉水中浸泡片刻，口感会更爽脆。

桔梗拌海蜇

原料

水发桔梗100克，熟海蜇丝85克，葱丝、红椒丝各少许

调料

盐、白糖各2克，胡椒粉、鸡粉各适量，生抽5毫升，陈醋12毫升

做法

1.将洗净的桔梗切细丝，备用。
2.取一个碗，放入切好的桔梗，倒入备好的海蜇丝。
3.加入少许盐、白糖、鸡粉，淋入适量生抽。
4.再倒入适量陈醋，撒上少许胡椒粉搅拌一会儿，至食材入味。
5.将拌好的菜肴盛入盘中，点缀上葱丝、红椒丝即可。

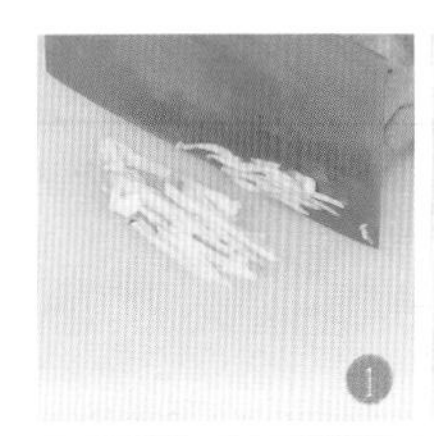

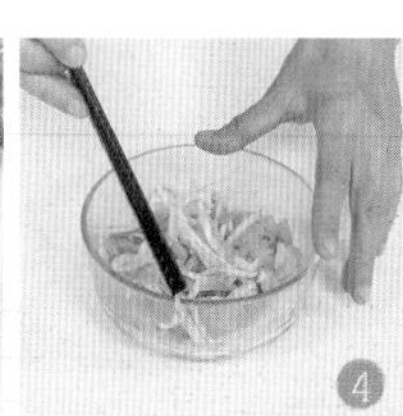

陈醋黄瓜蜇皮

原料

海蜇皮200克，黄瓜200克，红椒50克，青椒40克，蒜末少许

调料

陈醋、芝麻油、辣椒油、生抽各5毫升，盐、白糖各2克

做法

1. 洗净的黄瓜切成段；洗净的红椒、青椒均切粒；黄瓜放盐，腌渍片刻。
2. 沸水锅中倒海蜇皮汆煮片刻，捞出。
3. 海蜇皮加红椒、青椒、蒜末、白糖、生抽、陈醋、芝麻油、辣椒油搅匀。
4. 黄瓜洗去盐分，装盘倒上海蜇皮即可。

白菜梗拌海蜇

原料

海蜇200克，白菜150克，胡萝卜40克，蒜末、香菜各少许

调料

盐1克，鸡粉2克，料酒、陈醋各4毫升，芝麻油6毫升，辣椒油5毫升

做法

1. 白菜洗净去根，切细丝；胡萝卜洗净切细丝；香菜洗净切碎；海蜇洗净切丝。
2. 沸水锅中倒入海蜇、料酒煮约1分钟，放入白菜、胡萝卜煮约半分钟，捞出。
3. 装碗，加入蒜末、香菜、盐、鸡粉、陈醋、芝麻油、辣椒油，拌至入味即可。

苦瓜海蜇丝

原料

水发海蜇丝150克，苦瓜90克，蒜末少许

调料

盐、鸡粉各2克，白糖3克，陈醋5毫升，芝麻油6毫升

做法

1. 洗好的海蜇丝切段。
2. 洗净的苦瓜切开，去瓤，再切粗丝。
3. 锅中注入适量清水烧开，倒入海蜇丝，拌匀。
4. 捞出海蜇丝，放入清水中，待用。
5. 沸水锅中倒入苦瓜，煮至断生。
6. 捞出苦瓜，沥干水分，待用。
7. 取一个大碗，倒入海蜇丝、苦瓜拌匀，加入少许盐、鸡粉、白糖、陈醋、芝麻油。
8. 撒上蒜末拌匀，至食材入味，将拌好的菜肴盛入盘中即可。

小贴士

苦瓜可在淡盐水中泡一会儿，能很好地减轻其苦味。

醋香芹菜蜇皮

原料

海蜇皮250克，芹菜150克，香菜、蒜末各少许

调料

生抽、陈醋、芝麻油各5毫升，辣椒油4毫升，白糖2克，盐、食用油各适量

做法

1. 择洗好的芹菜切成相同长度的段。
2. 锅中注入适量的清水，大火烧开，倒入海蜇皮，搅匀煮至断生。
3. 将海蜇皮捞出，沥干水分。
4. 沸水中再加入少许的盐、食用油，倒入芹菜，搅匀焯煮片刻。
5. 将芹菜捞出，沥干水分，摆入盘中。
6. 取一个碗，倒入海蜇皮、蒜末。
7. 放入生抽、陈醋、白糖、芝麻油、辣椒油，倒入香菜，搅拌片刻。
8. 将拌好的海蜇皮倒在芹菜上即可。

海蜇拌魔芋丝

原料

海蜇丝120克，魔芋丝140克，彩椒70克，蒜末少许

调料

盐、鸡粉各少许，白糖3克，芝麻油2毫升，陈醋5毫升

做法

1. 洗净的彩椒切条，备用。
2. 锅中注入适量清水烧开，倒入洗净的海蜇丝，煮半分钟，加入魔芋丝搅拌匀，煮半分钟。
3. 再放入彩椒，略煮片刻，捞出焯煮好的食材，沥干水分。
4. 把焯过水的食材装入碗中，放入蒜末，加入盐、鸡粉、白糖，淋入芝麻油、陈醋拌匀调味。
5. 将拌好的食材盛出，装入盘中即可。

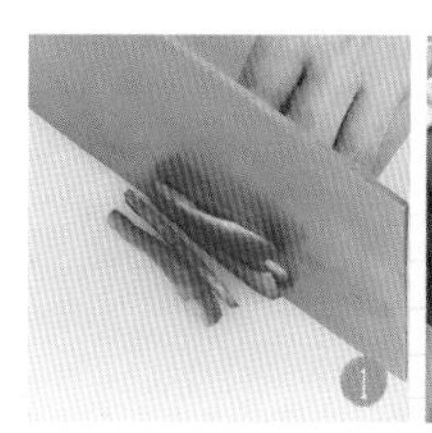

黑木耳拌海蜇丝

原料

水发黑木耳40克，水发海蜇120克，胡萝卜80克，西芹80克，香菜20克，蒜末少许

调料

盐1克，鸡粉2克，白糖4克，陈醋6毫升，芝麻油2毫升，食用油适量

做法

1. 洗净去皮的胡萝卜切片，再切成丝；洗好的黑木耳切成小块。
2. 洗净的西芹切成段，再切成丝；洗好的香菜切成末。
3. 洗净的海蜇切块，改切成丝。
4. 锅中注入适量清水烧开，放入海蜇丝，煮约2分钟。
5. 放入切好的胡萝卜、黑木耳，搅拌匀，淋入少许食用油，再煮1分钟。
6. 再放入西芹，略煮一会儿，把煮熟的食材捞出，沥干水分。
7. 将煮好的食材装入碗中，放入蒜末、香菜，加入适量白糖、盐、鸡粉、陈醋，淋入少许芝麻油，拌匀。
8. 把拌好的食材盛出，装入盘中即可。

小贴士

西芹不易熟，在焯水时可以适当多煮一会儿。

心里美拌海蜇

原料

海蜇丝100克，心里美萝卜200克，蒜末少许

调料

盐、鸡粉各少许，白糖3克，陈醋4毫升，芝麻油2毫升

做法

1. 洗净去皮的心里美萝卜切成丝。
2. 锅中注水烧开，倒入海蜇丝煮1分钟，加入心里美萝卜，再煮1分钟，捞出。
3. 把焯过水的食材装碗，放入蒜末、盐、鸡粉、白糖、陈醋、芝麻油拌匀调味。
4. 盛出拌好的食材，装入盘中即可。

苦菊拌海蜇头

原料

苦菊100克，海蜇头80克，紫甘蓝70克，蒜末少许

调料

盐、鸡粉各2克，胡椒粉少许，陈醋7毫升，芝麻油、食用油各适量

做法

1. 海蜇头洗净切块；紫甘蓝洗净切片；苦菊洗净切段；海蜇头焯水捞出。
2. 另起锅注水烧开，加入盐、食用油、紫甘蓝、苦菊煮约半分钟，捞出。
3. 将焯过水的食材装碗，加蒜末、盐、鸡粉、胡椒粉、陈醋、芝麻油拌至入味即成。

海蜇豆芽拌韭菜

原料

水发海蜇丝120克，黄豆芽90克，韭菜100克，彩椒40克

调料

盐、鸡粉各2克，芝麻油2毫升，食用油适量

做法

1. 洗净的彩椒切成条。
2. 洗好的韭菜切成段。
3. 洗净的黄豆芽切成段，备用。
4. 锅中注入适量清水烧开，倒入洗好的海蜇丝，煮约2分钟。
5. 放入黄豆芽，淋入少许食用油，搅拌匀，煮1分钟，至其断生。
6. 放入切好的彩椒、韭菜，搅拌匀，再煮半分钟，把煮熟的食材捞出，沥干水分。
7. 将煮好的食材装碗，加入适量盐、鸡粉、芝麻油，搅拌均匀。
8. 把拌好的食材盛出，装入盘中即可。

老醋莴笋拌蜇皮

原料

海蜇丝100克，莴笋90克，胡萝卜85克，香菜10克，蒜末少许

调料

盐3克，鸡粉2克，白糖少许，生抽6毫升，陈醋10毫升，芝麻油少许

做法

1. 洗净去皮的胡萝卜切细丝；洗净去皮的莴笋切丝；洗净的香菜切段。
2. 锅中注入适量清水烧开，加入少许盐，倒入胡萝卜丝搅拌匀，略煮片刻，放入洗净的海蜇丝拌匀。
3. 倒入莴笋丝，拌匀，煮约1分钟至食材熟透，捞出食材，沥干水分。
4. 把焯过水的食材装碗，撒上蒜末拌匀，加入盐、鸡粉、白糖、生抽、陈醋、芝麻油拌匀，再撒上切好的香菜拌匀，至其散出香味。
5. 取一个干净的盘子，盛入拌好的菜肴，摆好即成。

醋拌墨鱼卷

原料

墨鱼100克，姜丝、葱丝、红椒丝各少许

调料

盐2克，鸡粉3克，芝麻油、陈醋各适量

做法

1. 处理好的墨鱼切上花刀，改切小块。
2. 锅中注入适量清水烧开，倒入墨鱼，煮至其熟透，捞出墨鱼，装盘备用。
3. 取一个碗，加入盐、陈醋，放入鸡粉，淋入芝麻油，拌匀，制成酱汁。
4. 把酱汁浇在墨鱼上，放上葱丝、姜丝、红椒丝即可。

洋葱辣椒拌鱿鱼

原料

洋葱30克，青椒20克，红椒16克，鱿鱼100克，蒜末少许

调料

盐3克，鸡粉1克，辣椒油、芝麻油、食用油各适量

做法

1. 去皮洗净的洋葱切丝；洗净的青椒、红椒均切丝；处理干净的鱿鱼切丝。
2. 锅中注水烧开，注油，加洋葱、青椒和红椒焯水捞出；鱿鱼入沸水锅中煮半分钟。
3. 取一碗，倒入焯好的食材，放入蒜末、盐、鸡粉、辣椒油、芝麻油拌匀。

椒油鱿鱼卷

原料

鱿鱼肉135克，西芹95克，红椒20克

调料

盐、鸡粉各2克，芝麻油6毫升

做法

1. 洗好的西芹用斜刀切段。
2. 洗净的红椒切开，用斜刀切块。
3. 洗好的鱿鱼肉切网格花刀，再切小块。
4. 锅中注入适量清水烧开，倒入西芹略煮。
5. 放入红椒块，煮至断生，捞出食材，沥干水分，待用。
6. 沸水锅中倒入鱿鱼，煮至鱿鱼肉卷起，捞出，沥干水分。
7. 取一个大碗，倒入西芹、红椒、鱿鱼。
8. 加入盐、鸡粉、芝麻油拌匀，至食材入味，将拌好的菜肴盛入盘中即可。

拌鱿鱼丝

原料

鱿鱼肉120克，黄瓜160克

调料

盐、鸡粉各1克，生抽、花椒油各3毫升，辣椒油5毫升，料酒、陈醋各4毫升

做法

1. 洗净的黄瓜切细丝，装盘待用；洗好的鱿鱼肉切粗丝。
2. 锅中注入适量清水烧开，加入料酒，倒入鱿鱼。
3. 煮至熟透，捞出鱿鱼，沥干水分，放入装有黄瓜的盘中，备用。
4. 取一个小碗，加入盐、鸡粉、生抽、花椒油、辣椒油、陈醋拌匀，调成味汁。
5. 将味汁浇在食材上即可。

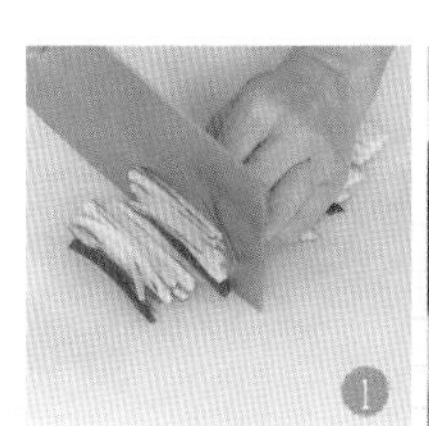

辣椒鱿鱼丝

原料

鱿鱼肉140克，青椒90克，红椒25克

调料

盐2克，鸡粉1克，花椒油、生抽各3毫升，辣椒油5毫升，料酒、芝麻油各4毫升，陈醋6毫升

做法

1. 青、红椒均洗净切粗丝；鱿鱼肉切粗丝，入沸水锅加料酒煮至断生，捞出。
2. 锅中倒入青椒、红椒焯至断生，捞出。
3. 将鱿鱼肉倒入碗中，加入青椒、红椒、盐、鸡粉、生抽、辣椒油、芝麻油、陈醋、花椒油拌匀，装盘即可。

蒜薹拌鱿鱼

原料

鱿鱼肉200克，蒜薹120克，彩椒45克，蒜末少许

调料

豆瓣酱8克，盐3克，鸡粉2克，生抽4毫升，料酒、辣椒油、芝麻油、食用油各适量

做法

1. 蒜薹洗净切段；洗好的彩椒、鱿鱼肉切粗丝；鱿鱼加盐、鸡粉、料酒腌渍。
2. 沸水锅中加食用油、蒜薹、彩椒、盐煮半分钟，捞出，倒鱿鱼煮1分钟，捞出。
3. 焯过水的食材装碗，加盐、鸡粉、豆瓣酱、蒜末、辣椒油、生抽、芝麻油拌匀即成。

蒜香拌蛤蜊

原料

莴笋120克，水发木耳40克，彩椒、蛤蜊肉各70克，蒜末少许

调料

盐、白糖各3克，陈醋5毫升，蒸鱼豉油、芝麻油各2毫升，食用油适量

做法

1. 木耳洗净切小块；莴笋洗净去皮，切片；彩椒洗净切小块。
2. 锅中注水烧开，放入盐、食用油、莴笋、木耳、彩椒、蛤蜊肉煮半分钟，捞出。
3. 装碗，放入蒜末、白糖、陈醋、盐、蒸鱼豉油、芝麻油拌匀，装盘即可。

香菜拌血蛤

原料

血蛤400克，香菜少许

调料

生抽6毫升，盐、鸡粉各2克，芝麻油4毫升，陈醋3毫升

做法

1. 洗好的香菜切成小段，备用。
2. 锅中注水烧开，倒入血蛤略煮一会儿，捞出。
3. 将血蛤去壳，取出血蛤肉，装入碗中，待用。
4. 放入香菜、盐、生抽、鸡粉、芝麻油、陈醋拌均匀，装盘即可。

淡菜拌菠菜

原料

水发淡菜70克，菠菜300克，彩椒40克，香菜25克，姜丝、蒜末各少许

调料

盐、鸡粉各4克，料酒、生抽各5毫升，芝麻油2毫升，食用油少许

做法

1. 洗好的菠菜切段；洗净的彩椒切开去籽，切丝；洗好的香菜切段。
2. 锅中注入适量清水烧开，放入少许食用油，加入适量盐、鸡粉。
3. 倒入洗好的淡菜，淋入少许料酒，搅匀，煮1分钟，捞出，沥干水。
4. 将菠菜再倒入沸水中，煮1分钟，加入切好的彩椒，略煮一会儿，将焯煮好的食材捞出，沥干水分，待用。
5. 将焯过水的菠菜和彩椒装入碗中。
6. 倒入淡菜，放入姜丝、蒜末、香菜。
7. 加入适量盐、鸡粉，淋入少许生抽、芝麻油，搅拌至食材入味。
8. 盛出拌好的食材，装入盘中即可。

毛蛤拌菠菜

原料

毛蛤300克，菠菜120克，彩椒丝40克，蒜末少许

调料

盐3克，鸡粉2克，生抽4毫升，陈醋10毫升，芝麻油、食用油各适量

做法

1. 将洗净的菠菜切去根部，再切成小段。
2. 锅中注水烧开，加入少许食用油，倒入菠菜，再倒入彩椒丝搅匀，煮约1分钟，至食材断生后捞出，沥干水分。
3. 倒入洗净的毛蛤，大火煮一会儿，至其熟透后捞出，沥干水分。
4. 取一个干净的碗，倒入菠菜和彩椒丝，撒上蒜末，倒入毛蛤。
5. 淋入少许生抽，加入适量盐、鸡粉、陈醋，淋入少许芝麻油，拌匀至入味，再取一个干净的盘子，盛入拌好的食材，摆好盘即成。

1

2

3

4

5

凉拌杂菜北极贝

原料

胡萝卜80克，黄瓜70克，北极贝50克，苦菊40克

调料

白糖2克，胡椒粉少许，芝麻油、橄榄油各适量

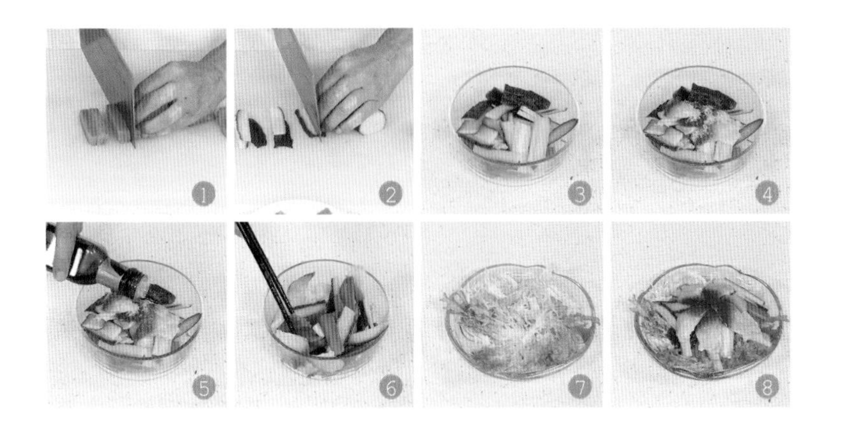

做法

1. 将去皮洗净的胡萝卜切开，再切片。
2. 洗好的黄瓜切开，改切片。
3. 取一大碗，倒入胡萝卜片、黄瓜片。
4. 放入备好的北极贝，加入少许白糖。
5. 撒上适量胡椒粉，注入少许芝麻油、橄榄油。
6. 快速搅拌一会儿，至食材入味。
7. 另取一盘子，放入洗净的苦菊，铺放好。
8. 再盛入拌好的食材，摆好盘即成。

小贴士

胡椒粉可选用黑胡椒粉，这样能中和海鲜的腥味，改善口感。

黄瓜拌花甲

原料

黄瓜200克，花甲肉90克，香菜15克，胡萝卜100克，姜末、蒜末各少许

调料

鸡粉2克，盐、白糖各3克，料酒、生抽、陈醋各8毫升，芝麻油2毫升

做法

1. 洗净去皮的胡萝卜切片，再切成丝。
2. 洗好的香菜切成段；洗净的黄瓜切片，改切成丝，备用。
3. 锅中注水烧开，放入料酒、盐、胡萝卜、花甲肉，煮1分钟至熟。
4. 把煮好的胡萝卜和花甲肉捞出，沥干水分，待用。
5. 把黄瓜装入碗中，加入胡萝卜和花甲肉。
6. 倒入姜末、蒜末，加入香菜。
7. 放入盐、鸡粉、白糖，淋入生抽、陈醋、芝麻油，拌匀调味。
8. 将拌好的食材盛出，装入盘中即可。

扇贝拌菠菜

原料

扇贝600克，菠菜180克，彩椒40克

调料

盐、鸡粉各3克，生抽10毫升，芝麻油、食用油各适量

做法

1. 锅中注水烧开，倒入洗净的扇贝，略煮至贝壳张开后捞出，将煮好的扇贝置于清水中，去除壳和内脏，留取扇贝肉，待用。
2. 菠菜洗净去根，切段；彩椒洗净切粗丝；将洗净的扇贝肉切开。
3. 另起锅注水烧开，加食用油、菠菜、彩椒丝，煮约半分钟，捞出。
4. 沸水锅中再放入扇贝肉搅匀，用大火煮至其熟软后捞出。
5. 取一碗，放入菠菜和彩椒丝，倒入扇贝肉、盐、鸡粉、生抽、芝麻油搅拌至食材入味，装入盘中即成。

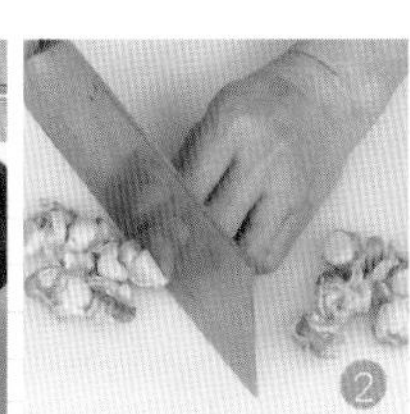

芥辣荷兰豆拌螺肉

原料

水发螺肉200克，荷兰豆250克

调料

芥末膏15克，生抽8毫升，芝麻油3毫升

做法

1. 处理好的荷兰豆切成段。
2. 泡发好的螺肉切成小块。
3. 锅中注入适量清水，大火烧开。
4. 倒入荷兰豆，汆煮片刻至断生，捞出。
5. 再将螺肉倒入锅中，搅匀，汆煮片刻。
6. 将煮好的螺肉捞出，沥干水分，待用。
7. 取一个干净的盘，摆上荷兰豆、螺肉。
8. 在芥末膏中倒入生抽、芝麻油搅匀，浇在食材上即可。

小贴士

螺肉可以用温水泡发，能减少泡发时间。

虾米拌三脆

原料

莴笋140克，黄瓜120克，水发木耳50克，水发虾米30克，红椒片少许

调料

盐2克，鸡粉1克，白糖3克，芝麻油4毫升

做法

1. 洗净去皮的莴笋切菱形片，待用。
2. 洗好的黄瓜切菱形片，待用。
3. 洗净的木耳切小块，待用。
4. 锅中注水烧开，倒入木耳煮至断生，捞出，沥干水分。
5. 沸水锅中倒入虾米，氽去多余盐分，捞出，沥干水分。
6. 取一碗，倒入莴笋、黄瓜、木耳，加入盐，拌匀，腌渍约2分钟。
7. 倒入虾米、红椒片、鸡粉、白糖、芝麻油拌匀，至食材入味。
8. 将拌好的材料盛入盘中即可。

虾米甜豆

原料

甜豆150克，虾米15克

调料

盐、鸡粉、白糖各1克，鱼露2毫升

做法

1. 沸水锅中倒入虾米，略煮片刻。
2. 放入洗好的甜豆，拌匀，略煮一会儿至其断生，捞出氽煮好的食材，装入碗中，待用。
3. 在食材中加入盐、鸡粉、白糖、鱼露搅拌均匀。
4. 将拌好的菜肴装入盘中即可。

白菜拌虾米

原料

白菜梗140克，虾米65克，蒜末、葱花各少许

调料

盐、鸡粉各2克，生抽4毫升，陈醋5毫升，芝麻油、食用油各适量

做法

1. 将洗净的白菜梗切细丝。
2. 起油锅，放入虾米炸约2分钟，捞出。
3. 取一碗，倒入白菜梗、盐、鸡粉、生抽、食用油、芝麻油、陈醋、蒜末、葱花、虾米搅拌匀，至食材入味。
4. 取一盘子，盛入菜肴，摆好盘即可。

什锦小菜

原料

水发木耳35克，彩椒50克，洋葱40克，虾皮20克，葱花少许

调料

盐2克，生抽4毫升，芝麻油5毫升，陈醋、鸡粉、白糖各适量

做法

1. 把虾皮装入碗中，注入清水，泡一会儿，沥干水分，待用。
2. 洗净的洋葱切成细丝，再切成粒。
3. 洗好的彩椒切开，去籽，再切长条，改切丁。
4. 洗好的木耳切成细条，再切碎，备用。
5. 取一个碗，加入盐、白糖、鸡粉、生抽。
6. 再放入少许陈醋、芝麻油，搅拌均匀。
7. 倒入洋葱、木耳、彩椒、虾皮，搅拌至入味。
8. 将拌好的食材装入盘中，撒上葱花即可。

小贴士

搅拌食材时可以加一点泡虾皮的水，味道会更鲜美。

鲜虾紫甘蓝沙拉

原料

虾仁70克，番茄130克，彩椒50克，紫甘蓝60克，西芹70克

调料

沙拉酱15克，料酒5毫升，盐2克

做法

1. 洗净的西芹切段；洗好的番茄切瓣；洗好的彩椒切小块；洗净的紫甘蓝切小块。
2. 锅中注入适量清水烧开，放入少许盐。
3. 倒入切好的西芹、彩椒、紫甘蓝，搅拌匀，煮半分钟至其断生。
4. 将锅中焯煮好的食材捞出，沥干水分，待用。
5. 再把洗净的虾仁倒入沸水锅中，煮至沸。
6. 淋入适量料酒，搅匀，煮1分钟至熟，把煮熟的虾仁捞出，沥干水分。
7. 将煮好的西芹、彩椒和紫甘蓝倒入碗中，放入番茄、虾仁。
8. 加入沙拉酱，搅拌匀，将拌好的食材盛出，装入盘中即可。

虾皮拌香菜

原料

水发粉皮100克，虾皮40克，香菜梗30克，红椒20克，姜丝少许

调料

盐、鸡粉各2克，生抽4毫升，芝麻油6毫升，陈醋7毫升

做法

1. 洗净的红椒切开，去籽，再切粗丝，备用。
2. 取一个大碗，倒入香菜梗、红椒丝、粉皮、姜丝、虾皮，拌匀。
3. 加入盐、鸡粉、生抽、芝麻油、陈醋。
4. 拌匀，至食材完全入味。
5. 将拌好的菜肴盛入盘中即可。

虾米拌胡萝卜

原料

胡萝卜120克，苦瓜85克，虾米35克

调料

盐2克，鸡粉2克，芝麻油少许

做法

1. 洗净去皮的胡萝卜切段，再切厚片，改切条形，用刀背拍一下，待用。
2. 洗好的苦瓜切开，去瓤，切成条形。
3. 锅中注入适量清水烧开，倒入虾米，搅匀。
4. 捞出汆煮好的虾米，沥干水分，待用。
5. 另起锅，注入适量清水烧开，倒入苦瓜，搅拌均匀，煮至苦瓜断生。
6. 捞出苦瓜，沥干水分，待用。
7. 取一个大碗，倒入胡萝卜、虾米、苦瓜，加入少许的盐、鸡粉、芝麻油，搅匀至食材入味。
8. 将拌好的食材装入盘中即可。

小贴士

虾米可以先用温水泡发，这样味道会更好。

蒜香虾米菠菜

原料

菠菜200克，虾米20克，蒜末少许

调料

盐、鸡粉各2克，生抽、食用油各适量

做法

1. 洗净的菠菜去根部，切成段，把切好的菠菜装入盘中，待用。
2. 锅中注水烧开，放入适量食用油，放入菠菜，搅匀，煮约1分钟至菠菜熟软。
3. 把煮熟的菠菜捞出，待用。
4. 用油起锅，放入虾米，炒香。
5. 把炒好的虾米盛出，装碗待用。
6. 将煮好的菠菜倒入碗中，放入蒜末、虾米。
7. 倒入适量生抽，加入盐、鸡粉，用筷子拌匀调味。
8. 将拌好的材料盛出，装入盘中即可。